AF462513

ENCYCLOPÉDIE [CON]NAISSANCES AGRICOLES

Ed. RABATÉ

Le Blé
La Farine, le Pain

Étude Pratique de la Meunerie et de la Boulangerie

HACHETTE & Cie

1 fr. 80

ENCYCLOPÉDIE DES CONNAISSANCES AGRICOLES

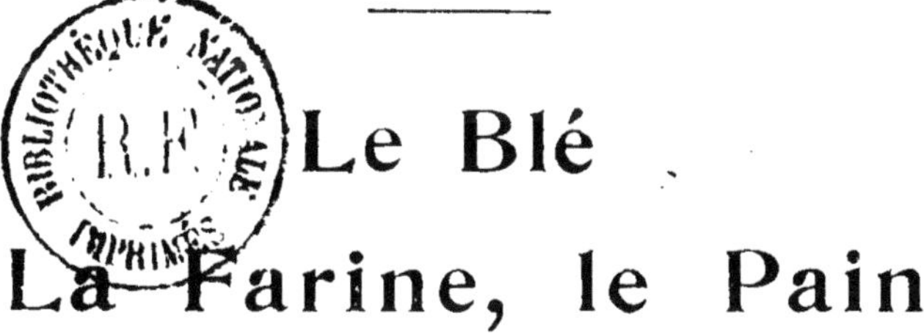

Le Blé
La Farine, le Pain

Étude Pratique
de la Meunerie et de la Boulangerie

ENCYCLOPÉDIE
DES CONNAISSANCES AGRICOLES

PUBLIÉE PAR UNE RÉUNION DE MEMBRES DE L'ENSEIGNEMENT AGRICOLE

SOUS LE PATRONAGE DE MM.

ADOLPHE CARNOT — Membre de l'Institut. | **ED. MAMELLE** — Sous-Directeur de l'Agriculture.

ET SOUS LA DIRECTION DE

E. CHANCRIN

Ingénieur agronome, Directeur d'École d'Agriculture.

FORMAT IN-16, CARTONNÉ

Les volumes parus sont indiqués par un astérisque *

I. — NOTIONS GÉNÉRALES SUR LES SCIENCES APPLIQUÉES A L'AGRICULTURE

* **Chimie générale appliquée à l'Agriculture,** par E. Chancrin, Directeur de l'École de viticulture et d'agriculture de Beaune. Un vol. 2 50

* **Chimie agricole,** par E. Chancrin, Directeur de l'École de viticulture et d'agriculture de Beaune. Un vol. 2 50

Physique et météorologie agricole. Un vol. . . . . . » »

Histoire naturelle générale. Un vol. . . . . » »

Zoologie agricole. Un vol. . . . . » »

Botanique agricole. Un vol. . . . . » »

Géologie agricole. Un vol. . . . . » »

Microbiologie agricole. Un vol. . . . . » »

II. — AGRICULTURE

Agriculture générale (Culture et amélioration du sol), par M. Ed. Rabaté, Professeur départemental d'agriculture du Lot-et-Garonne. Un vol. . . . . » »

Agriculture spéciale. Un vol. . . . . » »

Les Céréales, par A. Desriot, Directeur de l'École d'agriculture de l'Allier. Un vol. . . . . (*Sous presse*) » »

* *Les Prairies*, par L. Malpeaux, Directeur de l'École d'agriculture du Pas-de-Calais. Un vol. 1 50

* *Les Plantes sarclées* (Pomme de terre, Betterave, Carotte, etc.), par L. Malpeaux, Directeur de l'École d'agriculture du Pas-de-Calais. Un vol. . . . . 2 »

Les Plantes industrielles. Un vol. . . . . » »

* *La Betterave à sucre, la Betterave de distillerie et la Chicorée à café*, par L. Malpeaux, Directeur de l'École d'Agriculture du Pas-de-Calais. Un vol. 1 50

* *Les Plantes oléagineuses*, par L. Malpeaux, Directeur de l'École d'agriculture du Pas-de-Calais. Un vol . . . . 1 »

* *Les Plantes textiles*, par L. Bonnétat, Professeur à l'École d'agriculture de la Vendée. Un vol. . . . . 50 c.

* *Le Tabac*, par F. de Confevron, Vérificateur de la culture des tabacs. Un vol. . . . . 75 c.

* *Le Houblon*, par G. Moreau, Professeur de brasserie à l'École nationale des industries agricoles de Douai. Un vol. . . . . 75 c.

Culture potagère. Un vol. . . . . » »

Arboriculture. Un vol. . . . . » »

ENCYCLOPÉDIE
DES CONNAISSANCES AGRICOLES

(*Suite*)

* **Viticulture moderne,** par E. Chancrin, Directeur de l'École de viticulture et d'agriculture de Beaune. Un vol. . . . . 3 »

* **Forêts, Pâturages et Prés-Bois.** Économie Sylvo-Pastorale, par A. Fron, Inspecteur adjoint des Eaux et Forêts, Professeur à l'Ecole forestière des Barres. Un vol. 1 50

Industries agricoles. Un vol.. . . . . » »

Le Blé, la Farine, le Pain, Étude pratique de la meunerie et de la boulangerie par Ed. Rabaté, Professeur départemental d'agriculture du Lot-et-Garonne. Un vol. . . . . » »

* *Le Vin*, Procédés modernes de préparation, d'amélioration et de conservation, par E. Chancrin, Directeur de l'École de viticulture et d'agriculture de Beaune. Un vol. 2 50

Le Cidre, Guide pratique de production et de préparation, par P. Touchard, Directeur de l'École d'agriculture de la Vendée. Un vol. » »

Le Sucre, Procédés de fabrication et utilisation de sous-produits, par G. Pagès, Maître de conférences à l'Ecole nationale d'agriculture de Montpellier. Un vol.. » »

* *La Bière*, Procédés modernes de préparation et utilisation de sous-produits, par G. Moreau, Professeur de brasserie à l'Ecole nationale des Industries agricoles de Douai. Un vol.. . . . . 50 c.

* *Les Eaux-de-vie et les Alcools*, Guide pratique du Bouilleur de cru et du Distillateur, par G. Pagès, Maître de conférences à l'Ecole nationale d'agriculture de Montpellier. Un vol.. . . . . 1 50

* *Les Essences et les Parfums*, Extraction et fabrication, par A. Rolet. Professeur à l'Ecole d'agriculture d'Antibes, suivi de **l'Essence de térébenthine**, par Ed. Rabaté, Professeur départemental d'agriculture du Lot-et-Garonne. Un vol.. . . . . 1 25

* *Laiterie, Beurrerie, Fromagerie*, par V. Houdet, Directeur de l'Ecole nationale des industries laitières à Mamirolle. Un vol. 1 25

* *Huilerie agricole*, par P. d'Aygalliers, Professeur à l'École d'agriculture d'Oraison. Un vol.. 75 c.

* *Les Matières textiles* (Voir le fascicule *Les Plantes textiles* dans l'Agriculture spéciale).

* *Les Conserves alimentaires* (fabrication ménagère et industrielle) par [illegible] Professeur à l'Ecole d'agriculture de l'Allier. Un vol. 1 80

[illegible] — LES ANIMAUX

Les I[illegible] utiles et les insectes nuisibles à l'Agriculture (Entomologie agricole). Un vol. . . . . » »

Les Abeilles. Petit traité d'Apiculture pratique. Un vol.. . . . . » »

Les Poissons. Petit traité de Pisciculture pratique. Un vol. . . . » »

Les Oiseaux de basse-cour. Petit traité d'Aviculture pratique. Un vol.. . . . . » »

Le Ver à soie. Petit traité de Sériciculture pratique. Un vol . . » »

Les Animaux domestiques (Zootechnie). Un vol. . . . . . . » »

Le Cheval et l'Ane. Un vol.. . . . . » »

Le Bœuf. Un vol.. . . . . » »

Le Mouton et la Chèvre. Un vol. . . . . » »

Le Porc. Un vol.. . . . . » »

IV. — GÉNIE RURAL

Notions sur les constructions rurales. Un vol. . . . . » »

Machines agricoles et moteurs. Un vol. . . . . » »

Drainage et irrigations. Un vol. . . . . » »

V. — ÉCONOMIE. LÉGISLATION. COMPTABILITÉ

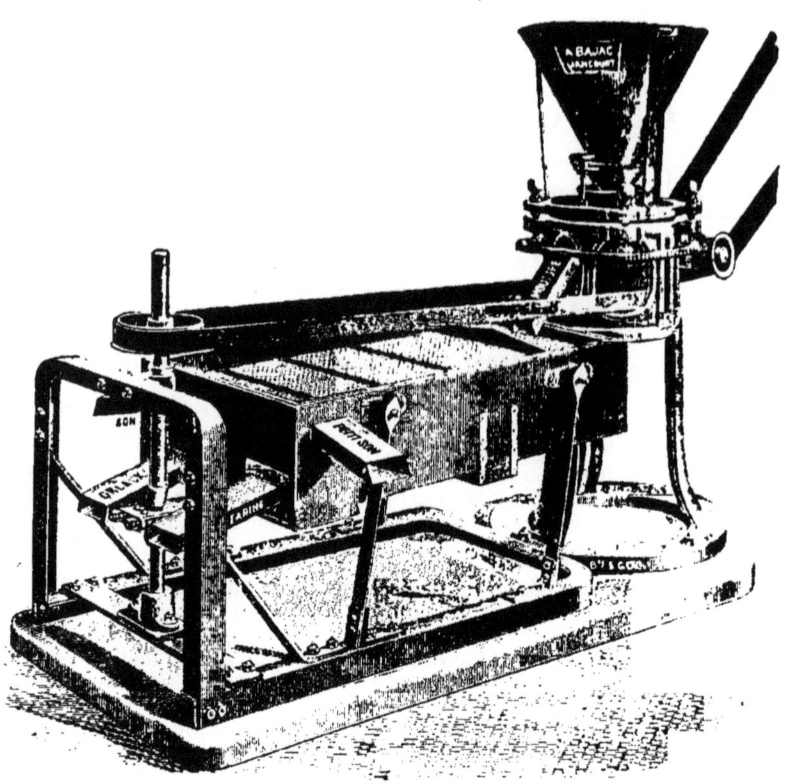

MOULIN A MOTEUR BAJAC.

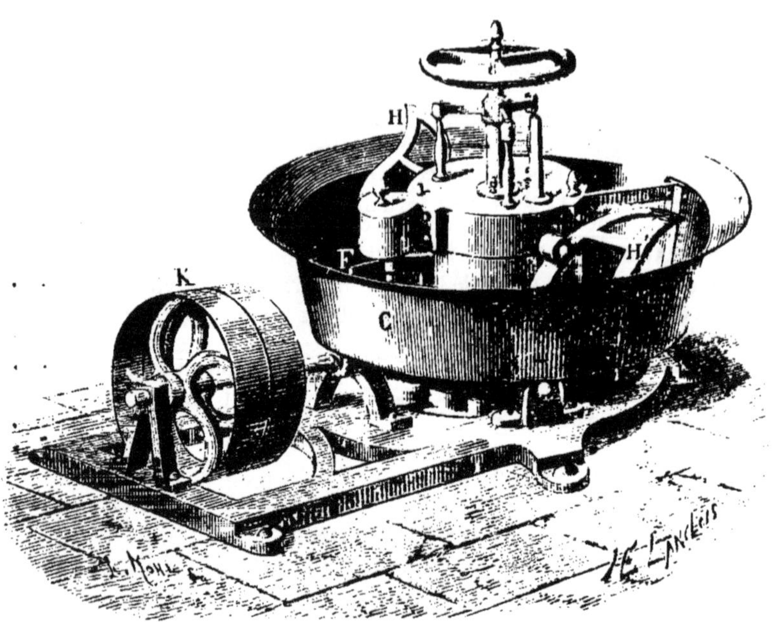

PÉTRIN DELIRY.

ENCYCLOPÉDIE DES CONNAISSANCES AGRICOLES
Publiée sous le Patronage de MM. ADOLPHE CARNOT, Membre de l'Institut
et Ed. MAMELLE, Sous-Directeur de l'Agriculture
et sous la Direction de M. E. CHANCRIN, Directeur d'École d'Agriculture

Le Blé

La Farine, le Pain

Étude Pratique de la Meunerie et de la Boulangerie

PAR

Edmond RABATÉ
Ingénieur Agronome
Professeur départemental d'Agriculture de Lot-et-Garonne.

GRAIN DE BLÉ.

PARIS
LIBRAIRIE HACHETTE ET Cie
79, BOULEVARD SAINT-GERMAIN, 79
—
1909

PRÉFACE GÉNÉRALE

PAR

ADOLPHE CARNOT
Membre de l'Institut.

Un Romain qui savait faire valoir ses terres et qui a écrit, il y a deux mille ans environ, un remarquable traité d'agriculture, Columelle, s'étonnait que l'on n'enseignât pas les travaux des champs, les soins à donner aux animaux domestiques, aux arbres fruitiers, aux vignobles, aux abeilles, etc., pendant que d'autres arts, moins utiles à ses yeux, étaient en grande faveur à Rome.

« Je vois partout, disait-il, des écoles ouvertes aux rhéteurs, « aux danseurs, aux musiciens; les cuisiniers et les barbiers « sont en vogue; mais, pour l'art qui fertilise la terre, il n'y a « rien, ni maîtres, ni élèves.... Et pourtant, quand même nous « viendrions à perdre ceux qui professent toutes ces choses, la « République pourrait encore avoir de beaux jours, car nos « ancêtres, qui ne connaissaient point ces études et n'avaient « même pas d'avocats, n'en furent pas plus malheureux; tandis « que la Société humaine ne saurait se passer d'agriculture. »

Certes, depuis cette époque, il a été fait de grands progrès, surtout pendant les derniers siècles. La science, qui a révolutionné l'industrie, a de même rénové l'agriculture; elle a secoué la routine et porté la lumière dans les vieilles formules empiriques.

Nous ne pouvons plus dire, avec Columelle, qu'on n'enseigne pas l'agriculture; car, depuis 30 ans, en une foule de points de notre territoire, il a été créé des écoles où peuvent s'instruire un grand nombre de nos futurs agriculteurs. L'enseignement agricole supérieur, fondé chez nous avec l'*Institut agronomique* de Versailles en 1848, tout au début de la 2e République, a été, il est vrai, brusquement supprimé par l'Empire en 1852; mais il a été heureusement rétabli à Paris, en 1876, par la 3e République. Il a rendu depuis lors de signalés services, en même temps que les Écoles nationales d'agriculture de Grignon, de Rennes, de Montpellier, les Écoles pratiques d'agriculture, les Fermes-Écoles et les Écoles spéciales de laiterie, de viticulture, d'aviculture, etc., préparaient chaque année plusieurs centaines de jeunes gens à la pratique des bonnes méthodes agricoles.

C'est assurément beaucoup, et pourtant ce n'est pas assez, car l'instruction par des écoles spéciales ne peut atteindre qu'une infime minorité de cultivateurs. Songeons, en effet, que ceux-ci sont au nombre de 22 millions; et il n'y a que 82 établissements d'enseignement supérieur ou professionnel agricole! Aussi peut-on dire encore aujourd'hui, au vingtième siècle, que l'agriculture française souffre toujours d'une ignorance trop générale.

Il est urgent d'y porter remède. Pour le présent, il faut, le mieux possible, répandre l'instruction pratique dans le monde des cultivateurs. Pour l'avenir, il faudra que les enfants de la campagne trouvent à l'école primaire les éléments d'une instruction professionnelle, qui dévèloppe en eux le goût des occupations rurales et qui les prépare à les exercer fructueusement. Il le faut dans leur propre intérêt. Il le faut aussi dans l'intérêt de la France; car notre pays a besoin de pouvoir compter sur un personnel instruit et vaillant pour ne pas succomber dans les luttes économiques, qui ne peuvent que devenir de plus en plus ardentes.

Pour les cultivateurs praticiens, comme pour les élèves et pour leurs maîtres de l'école primaire ou de l'école normale, le meilleur outil à mettre entre leurs mains, c'est le livre, écrit pour eux, simple, clair et à bon marché, qui puisse leur servir d'appui ou de guide, où soient exposées les opérations de culture ou d'industrie agricole, avec la précision de détail nécessaire pour en assurer le succès.

Tel est le but que s'est proposé le distingué sous-Directeur de l'Agriculture, M. Mamelle, et qu'il s'est efforcé d'atteindre avec l'aide de son dévoué collaborateur, M. Chancrin, en créant une Encyclopédie des Connaissances agricoles.

Il existe déjà plusieurs encyclopédies d'agriculture, mais d'un caractère sensiblement différent. La plupart, à raison de leur étendue et de leur prix relativement élevé, s'adressent à un public plus instruit et plus fortuné; d'autres, en se maintenant dans des considérations trop générales, ne donnent pas satisfaction aux praticiens et vont plutôt à des amateurs, plus curieux de connaître les principes que les détails d'exécution des diverses opérations agricoles.

L'*Encyclopédie des Connaissances agricoles* s'attache, au contraire, à justifier son titre en fournissant aux cultivateurs et industriels, qui ont une instruction moyenne ou même élémentaire, les connaissances nécessaires à la pratique raisonnée de leur métier.

Elle comprend une série de petits volumes qui ont été écrits par des Membres de l'Enseignement agricole, spécialistes distingués, s'étant adonnés à la culture, à l'élevage du bétail, aux soins de la basse-cour, ou aux différentes industries agricoles. Non seulement les auteurs ont étudié de près les opérations qu'ils décrivent; mais leur habitude de l'enseignement a développé chez eux la faculté de vulgariser la science et d'en exposer méthodiquement les matières pour les faire bien comprendre du lecteur.

Les auteurs de l'*Encyclopédie des Connaissances agricoles* ont jugé utile de consacrer quelques-uns des petits volumes à l'exposé de notions scientifiques générales, que beaucoup de cultivateurs peuvent ignorer et qui sont cependant indispensables pour comprendre les explications techniques d'autres volumes. C'est ainsi que, pour rendre accessible à tous un volume de *Chimie agricole*, il a paru nécessaire de rédiger aussi un petit abrégé de *Chimie générale*, où se trouvent plus particulièrement expliqués les termes et les faits qui sont invoqués dans la chimie agricole. Il en est de même pour la physique et pour l'histoire naturelle appliquées à l'agriculture.

Les petits volumes de l'Encyclopédie seront particulièrement utiles aux élèves des Écoles pratiques d'Agriculture, qui ne peuvent pas toujours prendre des notes suffisantes en écoutant les leçons de leurs professeurs et qui y trouveront une source précieuse d'informations.

On peut croire qu'ils seront aussi fort appréciés des jeunes gens qui, après les études des lycées, des collèges ou des écoles primaires supérieures, voudront s'adonner aux occupations agricoles. Car, à côté de l'exposé précis de la pratique usuelle, ces petits livres leur présenteront la théorie qui l'explique et qui parfois leur permettra de l'améliorer.

ADOLPHE CARNOT,
Membre de l'Institut,
Ancien professeur à l'Institut agronomique,
Membre de la Société nationale d'Agriculture de France,
Ancien directeur de l'École supérieure des Mines.

INTRODUCTION

Cette étude pratique de la meunerie et de la boulangerie ne s'adresse pas seulement aux meuniers *et aux* boulangers.

Elle peut encore être utile aux agriculteurs *qui vendent du blé, achètent de la farine et des sous-produits de mouture, et qui, souvent, fabriquent leur pain;*

Aux négociants en grains *qui doivent posséder des connaissances précises et détaillées sur les qualités et les défauts des blés;*

Aux officiers d'administration *du service des subsistances, pour leurs achats de blés et de farines;*

Aux élèves de divers ordres d'enseignement : *secondaire, primaire supérieur, agricole et commercial, qui doivent connaître l'une de nos principales sources de richesse;*

Aux organisateurs de boulangeries coopératives;

Enfin, au consommateur *qui désire être fixé sur l'origine et la valeur du pain qu'il mange.*

Néanmoins, nous n'avons pas perdu de vue que la présente étude est, avant tout, destinée au grand public agricole.

E. Rabaté.

LE BLÉ, LA FARINE, LE PAIN

ÉTUDE PRATIQUE

DE LA MEUNERIE ET DE LA BOULANGERIE

PREMIÈRE PARTIE

LE GRAIN DE BLÉ

CHAPITRE I

STRUCTURE ET COMPOSITION DU GRAIN DE BLÉ

1. Importance de la meunerie. — La meunerie est l'industrie mécanique qui transforme les graines de céréales en farine.

C'est la plus importante de toutes les industries agricoles, à la fois par le nombre des citoyens occupés et par la valeur des matières premières mises en œuvre.

Il existe en France plus de 60000 meuniers. Par an, notre pays consomme en moyenne 122 millions d'hectolitres de froment. A 15 francs l'hectolitre, c'est une valeur de 1 milliard 800 millions.

Les céréales (de Cérès, déesse des moissons), sont des Graminées[1] dont les graines, faciles à isoler et à réduire en farine, sont employées dans l'alimentation de l'homme et des animaux domestiques. Le froment, le seigle, l'avoine, l'orge, sont des céréales presque cosmopolites; le maïs, le riz, le sorgho, le millet sont des céréales des pays chauds ou tempérés. En raison de l'utilisation de son grain, une Polygonée[2], le sarrasin, est pratiquement rangée parmi les céréales.

Suivant les pays, on donne, abusivement, le nom de *blé* à la

---

1. Famille de plantes comprenant le blé, l'orge, l'ivraie, le ray-grass.... et beaucoup d'herbes des prés.
2. Famille de plantes à graines anguleuses (oseilles, renouées).

céréale la plus employée dans l'alimentation humaine : seigle, blé du Plateau Central : maïs, blé des États-Unis ; orge, blé de Suède, etc. Nous appellerons *blé* le froment commun à grain tendre.

La meunerie intéresse à la fois l'agriculteur, le négociant en grains, le constructeur-mécanicien, le meunier et le boulanger. Nous étudierons cette industrie surtout au point de vue agricole. Sans insister longuement sur le détail des mécanismes, nous développerons davantage les points qui intéressent à la fois l'agriculteur et le meunier : qualités et défauts des blés, nettoyage des grains, examen des produits de mouture, etc.

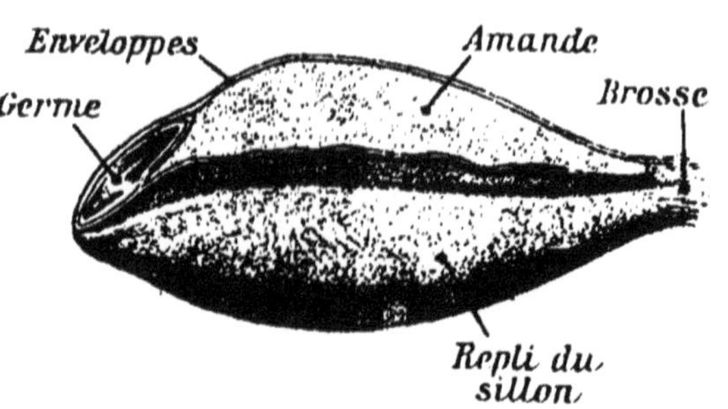

FIG. 1. — LES DIFFÉRENTES PARTIES DU GRAIN DE BLÉ.

Le grain a été fendu en long suivant le sillon pour montrer le germe, l'amande et les enveloppes.

2. Les différentes parties du grain de blé. — L'étude des différentes parties du grain de blé devrait être entreprise en même temps que celle des autres caractères physiques du grain. Mais un examen sommaire nous permettra de définir les conditions et le but du travail du meunier. Si nous fendons un grain de blé en long, nous distinguons facilement trois parties (fig. 1) : les *enveloppes*, le *germe* et l'*amande*, dont la connaissance précise nous est fournie par les travaux d'Aimé Girard, Fleurent, Lindet, Guérin, etc.

3. *Les enveloppes.* — L'ensemble des enveloppes donne le *son*. Sur une coupe grossie (fig. 2), il est possible de distinguer, de l'extérieur à l'intérieur du grain :

1° Une enveloppe externe formée de membranes, *a*, *b*, *c* ;

2° Une couche plus ou moins brune, *d*, qui donne au grain sa couleur et s'appuie sur des cellules très aplaties, *e* ;

3° Une assise de cellules cubiques, *f*, qui renferment de l'*aleurone*, matière albuminoïde (de même composition que le blanc d'œuf), et une autre matière, la *céréaline*, diastase[1] comparable à celle que l'on trouve dans la salive.

1. Les diastases sont des *ferments solubles* qui liquéfient et rendent assimilables beaucoup de matières alimentaires. La céréaline est une diastase

Au-dessous de la couche à aleurone, et en contact avec elle. se trouve l'amande farineuse.

Au point de vue botanique, le grain de blé est un caryopse ou fruit sec à enveloppes adhérentes. D'après les études de

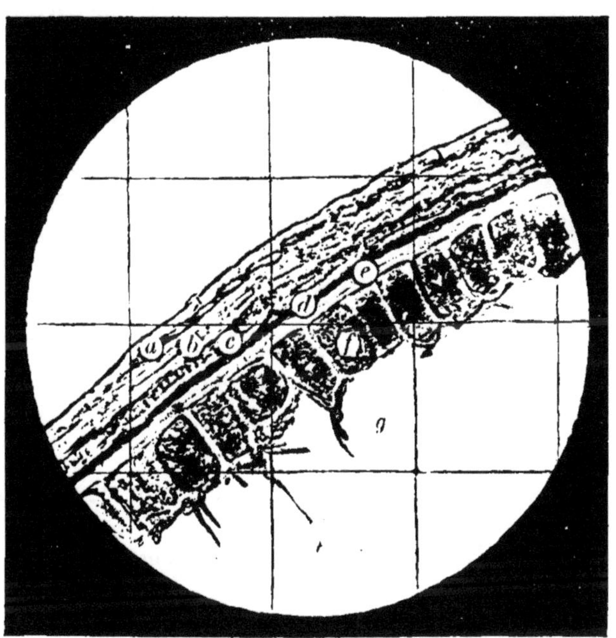

FIG. 2. — COUPE TRANSVERSALE DES ENVELOPPES DU GRAIN DE BLÉ GROSSIE 180 FOIS.

a, b, c, *enveloppes externes*; d, *couche brune*; e, *cellules très aplaties*; f, *assise de cellules à aleurone et à céréaline*; g, *amande*.
(D'après Aimé Girard.)

M. Guérin[1], la nature de ces enveloppes serait la suivante (fig. 3 et fig. 4) :

1. Extérieurement, un *épicarpe*, formé de cellules épaissies :

2. Au-dessous, deux ou trois rangées de cellules du *mésocarpe*, de même structure que les précédentes ;

3. Puis une assise de cellules ponctuées, qui ne sont autre

---

qui a pour but de solubiliser les aliments en réserve dans le grain et de permettre ainsi leur utilisation par la jeune plante. Dans la pâte, elle fixe l'oxygène de l'air sur les différentes substances altérables de la farine et les noircit.

1. Thèse de doctorat ès sciences, Paris, 1899.

chose que des cellules à chlorophylle, fortement allongées dans

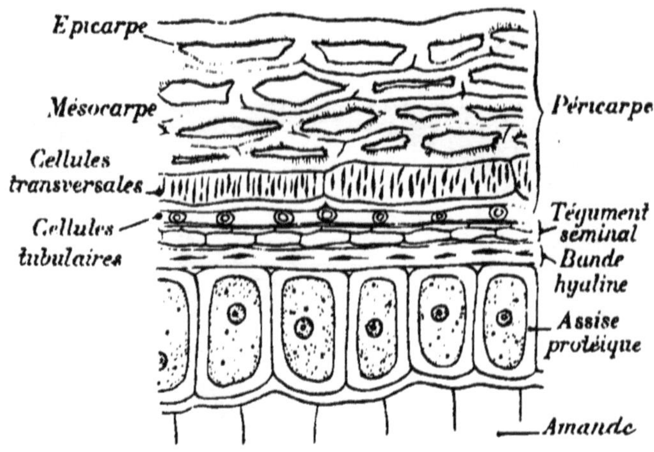

FIG. 3. — BLÉ DE POLOGNE.
Coupe transversale.

le sens transversal du grain, d'où leur nom de *cellules transversales* (fig. 4);

4. Sous ces dernières, et particulièrement sur le dos du grain, se trouvent des cellules éparses, en forme de tubes isolés ou accolés, allongés du germe vers la brosse : ce sont les *cellules tubulaires*, considérées comme des poils internes émis par l'endocarpe (G. Fron):

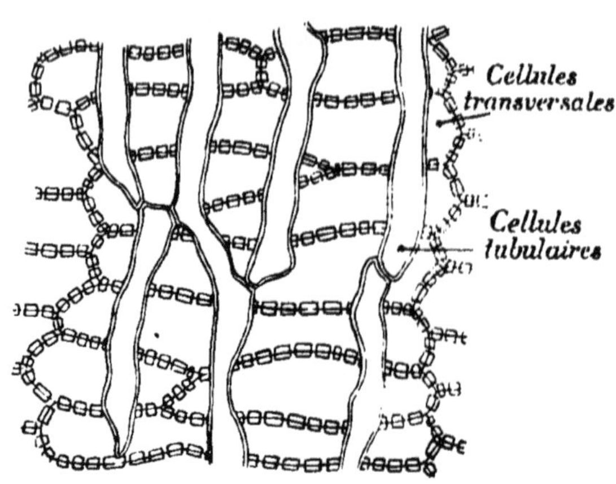

FIG. 4. — CELLULES TRANSVERSALES ET CELLULES TUBULAIRES DE L'ENDOCARPE DU GRAIN DE BLÉ.

5. Le *tégument séminal* est formé d'une bande colorée ou testa (fig. 3);

6. Les restes du nucelle de l'ovaire sont représentés par une *bande hyaline*;

7. Enfin, la première couche de l'amande, c'est-à-dire de la *graine* proprement dite, est constituée par les grosses cel-

lules cubiques de la couche à aleurone ou *assise protéique*.

L'épaisseur et la structure des enveloppes varient, sur un même grain, suivant les régions considérées. Dans le fond du sillon, le tégument est épais et tendre; il porte un faisceau libéro-ligneux qui, pendant la végétation, amène au grain sa nourriture. Sur le dos du grain, le tégument est mince et durci L'épaisseur des enveloppes varie de $\frac{10}{100}$ de millimètre à $\frac{15}{100}$ de millimètre.

La richesse des enveloppes en matières azotées est la suivante (Aimé Girard et Lindet) :

31kg,00 de péricarpe renferment	2kg,41	de matières azotées.
7kg,69 de tégument séminal.	1kg,25	—
61kg,31 de bande hyaline et d'assise protéique.	15kg,21	—
100kg,00 d'enveloppes ou son renferment . . .	18kg,87	de matières azotées.

Comme 100 kilos de blé renferment 14 kg. 36 d'enveloppes, il s'ensuit que les enveloppes ou le son de 100 kilos de blé renferment 2 kg. 719 de matières azotées.

Si nous rapprochons les diverses études microscopiques, chimiques et physiologiques entreprises sur les enveloppes d'un grain de blé, nous pouvons dire que les membranes *a*, *b*, *c*, *d*, *e* (fig. 2) sont riches en azote, mais n'ont aucune valeur alimentaire pour l'homme : notre tube digestif ne les attaque pas; laissées dans le pain sous forme de son, elles le rendent indigeste.

La couche à aleurone (*f*, fig. 2) est plus riche encore en matières azotées. Pendant la germination, la céréaline de cette assise rend solubles les réserves de l'amande afin de permettre leur absorption par le germe. Par contre, dans la pâte, *le ferment soluble attaque l'amidon*[1], *colore le gluten*[2] *et rend le pain bis, gras et lourd.*

Aimé Girard expérimenta sur lui-même la valeur alimentaire des enveloppes du grain de blé. Il reconnut que ces enveloppes traversent sans altération tout le tube digestif. Les enveloppes sont donc inutiles par elles-mêmes. En outre, elles sont nuisibles, car elles entravent la digestion des autres

1. L'amidon est une matière hydrocarbonée, c'est-à-dire renfermant du charbon uni aux éléments de l'eau, hydrogène et oxygène. Sous l'action de la salive et du suc pancréatique, l'amidon se transforme en sucre (glucose).

2. Le gluten humide colle aux doigts comme de la glu. Il renferme du carbone, de l'hydrogène, de l'oxygène et de l'azote. C'est un albuminoïde (voisin du blanc d'œuf par sa composition chimique).

principes alimentaires du pain. C'est la condamnation scientifique du *pain complet* déjà condamné par la pratique courante. A l'argument de la grande richesse des enveloppes en matières azotées, Aimé Girard opposait cette réponse humoristique : « Le cuir, également, est très riche en matières azotées et cependant il ne viendrait à l'idée de personne de se nourrir avec un morceau de ses souliers ! »

Il importe donc d'*éliminer toutes les enveloppes*, y compris la couche à aleurone.

4. *Le germe.* — Le germe du grain de blé (fig. 5) comprend

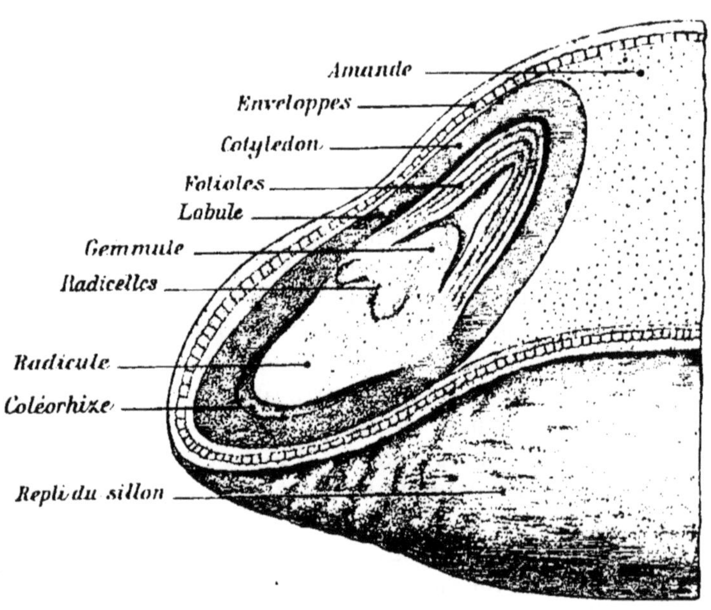

FIG. 5. PORTION D'UN GRAIN DE BLÉ FENDU SUIVANT LE SILLON POUR MONTRER LE GERME.

une radicule, une gemmule ou petit bourgeon, et quatre folioles plissées.

Le germe est entouré d'une masse jaune; c'est le cotylédon, écusson ou scutelle.

Le lobule est considéré comme un repli de la tigelle ou comme un cotylédon très réduit. La radicule est accompagnée de radicelles et entourée d'une gaine ou coléorhize.

Comparé à l'assise protéique, le germe présente une structure moins cornée, une coloration plus jaune et une proportion beaucoup plus élevée de matières solubles dans l'eau (46 pour 100).

La composition moyenne du germe est la suivante :

Eau	11
Matières azotées	40
Matières grasses	12
Matières non azotées	32
Matières minérales	5
Total	100

Le germe ne représente que 1,50 pour 100 du poids du grain. Aussi, malgré sa richesse en azote et en huile, ne peut-il

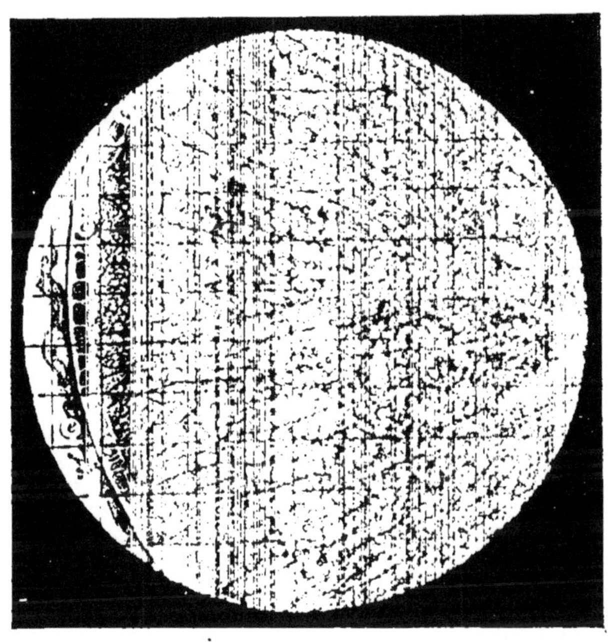

FIG. 6. — TRANCHE MINCE DE L'AMANDE DU GRAIN DE BLÉ EXAMINÉE AU MICROSCOPE.

e. *enveloppe;* c, *couche à céréaline*; a, *amande avec de l'amidon en grains blancs entourés de gluten comme les graviers d'un béton par le ciment.*

apporter un fort contingent de matières alimentaires. Au total, par 100 kilos de blé, les germes fournissent :

$0^{kg},600$ de matières azotées.
$0^{kg},170$ de matières grasses.
$0^{kg},075$ de matières minérales.

En revanche, les matières azotées du germe comprennent de la céréaline qui rend le pain bis, et aussi d'autres diastases qui attaquent l'amidon pour le transformer en sucre.

Les matières grasses renfermées dans les cellules du germe

possèdent une saveur de noisette qui parfume la farine fraîche. Mais, sous l'action de l'air, l'huile des germes broyés rancit et communique à la farine âgée une couleur jaune et une odeur désagréable.

Les meuniers anglais et américains, pour éviter l'encrassement de leurs engins de mouture, séparent les germes et en extraient une huile alimentaire.

En France, l'extraction complète des germes avant la mouture n'est pas encore entrée dans la pratique.

5. ***L'amande.*** — L'amande, ou albumen farineux du grain de blé, est constituée par des cellules à parois très minces de nature azotée. Ces cellules sont remplies de deux substances très nutritives, l'*amidon* en grains entourés de *gluten*, comme les graviers d'un béton par le ciment.

Les cellules qui touchent la couche à aleurone sont plus allongées, elles renferment plus de gluten et des grains d'amidon beaucoup plus petits que les cellules du centre de l'amande. La valeur alimentaire du gluten étant supérieure à celle de l'amidon, il faut s'efforcer *d'enlever le plus possible de cellules du pourtour de l'amande, sans cependant entamer la couche à aleurone.*

En effet, la farine est d'autant plus riche en gluten que la mouture est plus complète. Voici des chiffres obtenus par M. Fleurent :

Gluten pour 100 de farine.	Extraction de farine	
	à 60 p. 100	à 70 p. 100
Blé de Bordeaux	8.70	9.00
Blé Dattel	8.30	8.60
Blé russe (Bessarabie)	11.70	11.90

6. **Problème de la mouture**. — En résumé, le grain de blé renferme :

1° Des enveloppes cellulosiques, sans aucune valeur nutritive pour l'homme ;

2° Une couche à aleurone, riche en matières azotées, mais qui sécrète, au contact de l'eau ajoutée à la farine, de la céréaline, ferment qui rend le pain bis, gras et lourd ;

3° Un germe qui contient beaucoup d'azote, mais qui renferme de la céréaline altérant le pain, et aussi une huile qui rancit promptement ;

4° Une amande dans laquelle on peut distinguer deux zones :

a) La zone centrale, riche en amidon et pauvre en gluten ;

b) La zone de pourtour, moins riche en amidon, mais plus riche en gluten et plus nutritive que la partie centrale.

Le problème de la mouture peut donc être posé dans ces termes : **séparer l'amande, toute l'amande, mais rien que l'amande.**

Les procédés qui permettent l'enlèvement des enveloppes, en vue de l'appropriation du grain à la nourriture de l'homme, peuvent être ramenés à deux modes généraux :

1° *Sans écraser les grains* et en les dépouillant de leur écorce, soit par froissement dans un mortier (*mondage*), soit par râpage dans une décortiqueuse (*perlage*) ;

2° *En écrasant les grains*, et en émiettant le moins possible les écorces pour les séparer de la farine par tamisage. C'est le procédé de la *mouture* réalisé en un seul passage dans la *mouture par meules* ou par passages successifs dans la *mouture par cylindres*.

La préparation des farines par mondage ou perlage était seule connue dans l'antiquité. La mouture est à peu près exclusivement utilisée aujourd'hui.

D'après Aimé Girard, le grain de blé renferme en moyenne :

Amande.	84 %	de son poids.
Enveloppes	14,5 %	—
Germe.	1,5 %	—

Si la mouture était parfaite, on obtiendrait donc 84 kilogrammes de farine par 100 kilogrammes de blé. C'est la *limite théorique du rendement*. Avec de bons blés, les meilleurs moulins rendent actuellement 70 à 72 pour 100 de farine blanche, 3 pour 100 de farine bise, 25 pour 100 de sons et issues. La perte pendant le travail (poussières, évaporation) varie de 1 à 2 pour 100.

CHAPITRE II

QUALITÉS ET DÉFAUTS DES BLÉS DE MOUTURE

7. Bases de l'examen des blés. — L'appréciation des blés de mouture peut porter sur le reflet, la couleur, la forme, la contexture de l'amande, l'état de germination, la siccité, l'odeur et la saveur, le poids et le volume individuels des grains, la densité, la composition chimique, la pureté, le poids de l'hectolitre, les dégâts des insectes et des champignons.

Le blé est évidemment cultivé pour donner de la farine panifiable. Aussi pouvons-nous dire que le meilleur blé de semence est un blé de mouture parfait, ayant conservé sa faculté de germer et présentant de bonnes qualités culturales (rendement, résistance à la verse, à la rouille, etc.). En dehors de ces deux épreuves éliminatoires, faculté germinative et qualités culturales, l'examen des grains de semence se confond avec celui des blés de mouture.

8. Reflet. — Le grain récolté sur le vert est brillant, *glacé*. Le grain fauché bien mûr est presque *mat*; il fournit de meilleure semence et de meilleure farine que le grain glacé. Par contre, les blés coupés *un peu sur le vert* rendent plus de paille et de grain que les blés bien mûrs. M. Risler conseille de récolter quand « il est encore facile de couper le grain avec l'ongle, mais difficile de le détacher de l'épi ». On dit encore qu'à la récolte, le grain doit avoir la consistance de la cire. Nous avons indiqué une règle voisine des précédentes : moissonner le blé quand la tige est jaune et que les nœuds sont encore verts.

La coupe commencée un peu tôt permet une meilleure répartition des travaux de la moisson; elle diminue les pertes causées par la verse et l'égrenage. Il faut cependant, surtout dans les régions méridionales où les tiges coupées sèchent vite, éviter une récolte prématurée, car les blés verts donnent des grains petits, légers, pauvres en amidon, difficiles à conserver.

Le grain altéré par l'humidité est *terne*. Au bout d'un an, le

Fig. 7. — Blé de Bordeaux.
Épi rouge, grain rouge.

Fig. 8. — Blé bleu de Noé.
Épi blanc, grain rouge.

blé perd son reflet, l'écorce devient *grise*; plus tard, elle devient *poussiéreuse*.

9. Couleur. — La couleur dépend surtout de la variété. Elle se modifie également suivant la nature du sol et d'après la marche de la maturation. Le blé Dattel a des grains d'un jaune très pâle. Le Japhet, le Noé, le Bordeaux (fig. 7 et 8) ont des grains rouges. Les blés de mouture comprennent, le plus souvent, un mélange de plusieurs variétés diversement colorées.

10. Forme. — Le grain de blé, de forme ovoïde (fig. 9), est un peu déprimé au-dessus de l'emplacement du germe. Sa face ventrale présente deux bosses séparées par un sillon médian qui s'enfonce jusqu'aux deux tiers de l'épaisseur du grain. Le sommet opposé au germe porte des poils minces, désignés sous le nom de *barbe* ou de *brosse*.

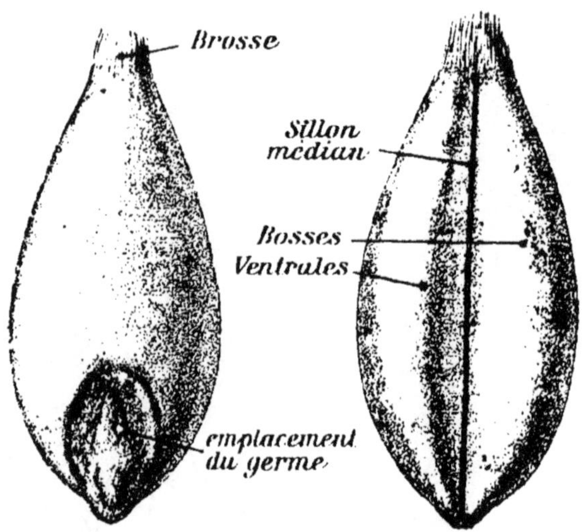

FIG. 9. — PROFIL DU GRAIN DE BLÉ.
A, *dos montrant l'emplacement du germe;*
B, *face ventrale montrant le sillon.*

Un bon grain est gros, renflé, presque sphérique, ce qui donne moins d'enveloppe pour la même quantité d'amande. Cependant un grain court et trop rond est éliminé par les trieurs. Les grains ronds seraient aussi

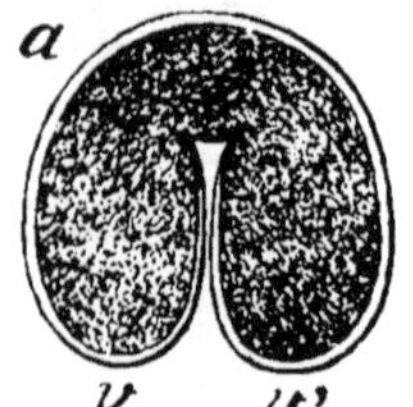

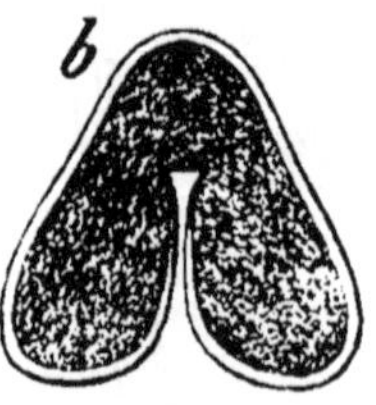

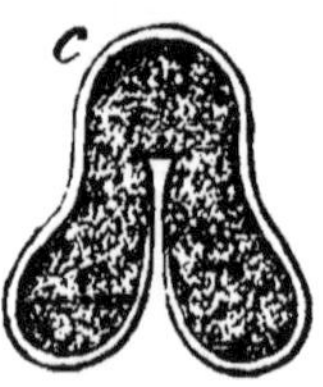

FIG. 10. — COUPES TRANSVERSALES DE GRAINS DE BLÉ.
a, *bon grain avec bosses renflées* v. v'; b, *grain mal nourri*; c, *grain échaudé.*

moins riches en gluten que les grains longs : en réalité, la forme du grain n'influe pas seule sur la richesse en gluten.

Il importe surtout que les bosses ventrales soient renflées (fig. 10). Quand elles sont aplaties, le grain est dit *mal nourri*, *nickelé*, *retrait* ou *échaudé*. Dans les blés tendres, la section transversale est arrondie et déprimée sur le sillon. Dans les blés durs (blé de Pologne), elle est presque triangulaire.

Les poils de la brosse doivent être rares, courts, blancs, brillants. Les poils longs, rudes, gris, ternes, sont défectueux.

En serrant trop le batteur des machines à dépiquer le grain, on obtient beaucoup de grains cassés que les trieurs des moulins éliminent comme les petites graines. Les grains vêtus de leurs balles, ordinairement pauvres en amande, sont également enlevés par les appareils de nettoyage.

11. Contexture de l'amande. — Les *blés tendres* cèdent facilement sous la dent ; leur cassure est blanche et farineuse. Les *blés durs* ont une cassure vitreuse, cornée. Les *blés gris* ou *blés mitadins* ont une cassure en partie farineuse et en partie vitreuse. Une cassure cornée caractérise ordinairement une richesse élevée en gluten.

12. État du germe. — Pour donner de bonne farine il n'est pas nécessaire que le grain ait conservé sa faculté de germer. L'existence de cette propriété est pourtant un indice favorable.

Le blé en épis, maintenu constamment humide pendant quatre ou cinq jours, germe, soit dans le champ, soit à la surface des meules non couvertes. Dans le blé germé, le sucre augmente, les grains d'amidon sont attaqués, le gluten devient mou, noir et visqueux, le poids de l'hectolitre diminue, tandis que la proportion de son et de déchets s'élève.

Le blé germé se reconnaît, soit aux radicelles encore adhérentes au grain, soit à la déchirure de l'écorce laissée par le germe desséché puis enlevé par vannage, soit enfin au gonflement de l'embryon quand la germination est restée à son début.

13. Siccité. — Le blé sec s'échappe quand on le presse dans la main; il a du *coulant*. Le blé humide ne glisse pas; il s'oppose à la pénétration de la main dans le sac ; il est dit *blé gourd*.

On donne du coulant et du luisant à un blé en mouillant d'huile ou de crème la pelle en bois ou le crible employés à la manutention du grain. Pour reconnaitre cette fraude, on peut presser les grains sur un buvard; dissoudre l'huile par l'éther et faire évaporer ; dissoudre l'huile par l'alcool chaud qui se trouble par refroidissement ; agiter avec de la poudre de bronze qui adhère aux grains.

Le blé normal renferme 12 à 14 pour 100 d'eau. Avec 16 pour 100 d'eau, il s'échauffe rapidement. L'amande, envahie par des champignons, devient jaune ou verdâtre : le grain prend une odeur de *moisi* et présente une réaction acide.

D'après M. Brocq-Rousseu, l'odeur de moisi serait provoquée par le développement, à la surface des grains, d'un champignon microscopique (*Streptothrix Dassonvillei*). Le chauffage dans l'air sec à 50° tue le parasite, enlève l'excès d'eau et élimine les produits odorants. Ce brassage dans l'air chaud et sec tue les charançons.

14. Odeur et saveur. — L'odeur et la saveur apparaissent dans les blés humides, échauffés, poussiéreux, cariés, attaqués par les insectes. Le grain resté longtemps en meule prendrait un goût de réglisse. Le frottement du grain dans la main accentue souvent l'odeur à déceler. Une certaine pratique est nécessaire pour définir les caractères fournis par l'odorat et par le goût.

15. Poids, volume et densité. — Ces trois caractères physiques du grain ont été étudiés par différents auteurs auxquels nous empruntons les chiffres suivants[1].

Poids, volume et densité du grain de blé.

CARACTÈRES	MINIMUM	MAXIMUM	MOYENNE	AUTEURS
Poids d'un grain de blé (milligrammes)	29	83	40	Vilmorin.
Poids d'un grain de blé (milligrammes)	24	61	41	Pagnoul.
Nombre de grains par gramme.	12	34	22	Vilmorin.
Nombre de grains par gramme.	16	40	24	Pagnoul.
Volume du grain (millim. cubes)	18	46	32	Pagnoul.
Densité réelle (grain non desséché)	1,317	1,417	1,390	Pagnoul.
Densité réelle (grain non desséché à l'étuve)	1,353	1,426	?	Nowacki.
Densité réelle (grain non desséché)	1,290	1,407	1,379	Reiset.
Densité approchée (air interposé dans les fentes)	1,216	1,351	1,311	Pagnoul.

Posé doucement à la surface de l'eau, le grain de blé flotte, soutenu par de fines bulles d'air ; mouillé, il s'enfonce, parce qu'il est plus dense que l'eau.

1. Risler, *Culture du blé*, p. 163, 178, 181 ; Paris, Hachette. — *Annales agronomiques*, tome XIV, p. 272 et 375 ; Paris, Masson.

D'après M. Garola, on peut admettre comme moyenne :

Nombre de grains par litre	18,400
Nombre de grains par kilogramme	24,108

Plus le grain est riche en matières azotées, plus sa densité est élevée, sans cependant qu'il existe de relation fixe entre ces deux caractères.

La *séparation des grains d'après leur densité* peut être réalisée par le triage à la roue, le trieur à force centrifuge et les solutions salines.

Dans le triage à la roue, encore employé à défaut de tarare, le grain est lancé à la pelle suivant un arc de cercle de plusieurs mètres de rayon. Les grains les plus denses sont ceux qui s'éloignent le plus de l'opérateur.

Dans le trieur centrifuge, le grain arrive sur une surface animée d'un rapide mouvement de rotation et s'éloigne d'autant plus de l'axe de rotation qu'il est plus dense.

Enfin, nous avons indiqué[1] un procédé de sélection basé sur la densité approchée, et réalisé par l'emploi d'une solution de nitrate de soude. Les grains sont placés dans une solution de nitrate de soude à 50 pour 100 (densité 1420). On ajoute de l'eau jusqu'au moment où les grains les plus denses s'enfoncent.

16. Composition chimique. — La composition du grain de blé varie avec le sol, la fumure, la variété, les conditions météorologiques, l'état de maturation, etc.

D'après M. Pagnoul le poids des matières azotées oscille de 7,9 à 16 %, moyenne 10,43 %. L'acide phosphorique varie de 0,5 à 1 % moyenne 0,601 %.

Il n'y a pas de relation constante entre la grosseur et la richesse en gluten. Cependant, dans l'ensemble, les variétés à petits grains sont plus riches que celles à gros grains. L'influence des conditions extérieures, sol, climat, conditions culturales, est plus marquée que l'influence de la variété. Suivant l'aspect, l'origine, la richesse des grains d'un même blé peut varier du simple au double. Les blés du Midi ne sont pas toujours les plus riches, et une richesse moyenne en gluten semble pouvoir se concilier avec les gros rendements.

Beaucoup de blés étrangers sont plus riches en gluten que les blés français. Les travaux d'Aimé Girard et Fleurent permettent le classement suivant :

1° Blés de Russie	9 à 10	p. 100 de gluten.
2° Blés d'Algérie, des États-Unis et de Roumanie	8 à 9	—
3° Blés des Indes ; blés français de l'Est, de l'Ouest et du Sud-Ouest	7 à 8	—
Blés français du Nord	6 à 7	—

En revanche, les blés français, à gros grains tendres, se prêtent mieux au travail de mouture et à la production de

1. *Journal d'agriculture pratique*, 14 février 1901.

belles farines que les blés étrangers à grains petits, secs et friables.

D'après Siegert : blé à demi maturité, 11,76 % de gluten.
— même blé à parfaite maturité, 10,91 % de gluten.
D'après Wolff : blé moyen d'hiver, 12,5 % de gluten.
— blé moyen de printemps, 13,2 % de gluten.

L'amélioration méthodique de la richesse des blés en gluten est à peine ébauchée.

Comme composition moyenne du grain de blé, on peut adopter les chiffres suivants :

Eau		14 % en poids.
Matières azotées		12 —
Matières grasses		2 —
Cellulose	2	
Sucres	1	70 —
Amidon	67	
Matières minérales ou cendres		1,5

En traitant le gluten par une solution alcoolique de potasse, M. Fleurent a reconnu la présence de deux constituants : la *gliadine*, soluble, visqueuse et gluante, et la *gluténine*, insoluble, friable, pulvérulente et sèche. Les meilleures proportions, pour une bonne panification, sont de 25 de gluténine pour 75 de gliadine sur 100 de gluten. Or, quand le taux d'extraction de la farine passe de 60 à 70 pour 100, le gluten total augmente ainsi que la proportion de gliadine : la pâte devient trop fluide et le pain s'aplatit. Beaucoup de farines à 70 pour 100 renferment 20 de gluténine pour 80 de gliadine. Un taux élevé d'extraction ne va donc pas sans quelques inconvénients.

La composition moyenne d'une farine au taux de 70 pour 100 d'extraction est la suivante :

Eau	14
Gluten sec	8
Matières azotées diverses	2
Matières grasses	1
Amidon	72
Glucose et saccharose	2
Matières minérales	0,5
Matières inconnues	0,5
Total	100,0

Dans les farines de ce type, la somme *gluten* + *amidon* est constante et varie entre 79, 40 et 80.

17. Pureté. — Nous avons, jusqu'ici, examiné le grain de blé isolé, mais les blés du commerce renferment toujours des matières étrangères, corps inertes et graines.

Les graines de seigle et d'orge, sans être nuisibles, diminuent la qualité du pain. Le mélange de seigle et de froment

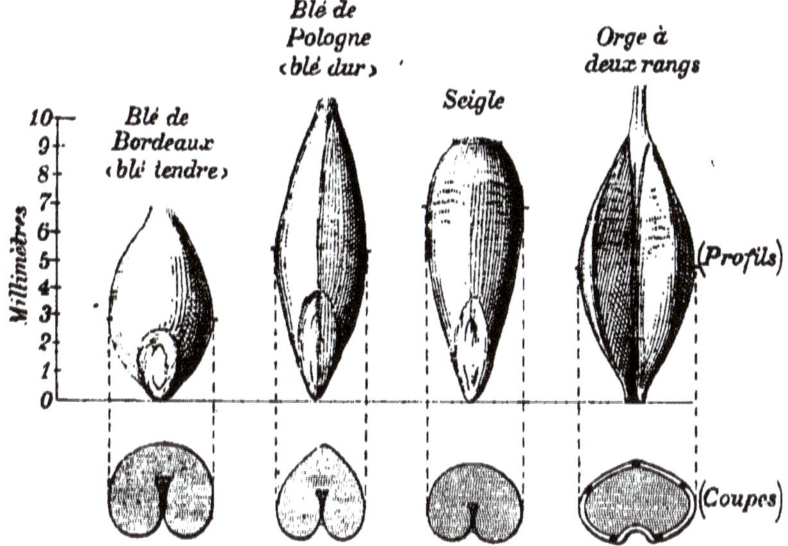

Fig. 11. — Graines de céréales.

prend le nom de *méteil*; le mélange d'orge et de froment s'appelle *mouture*.

Certaines mauvaises graines sont séparées dès le battage :

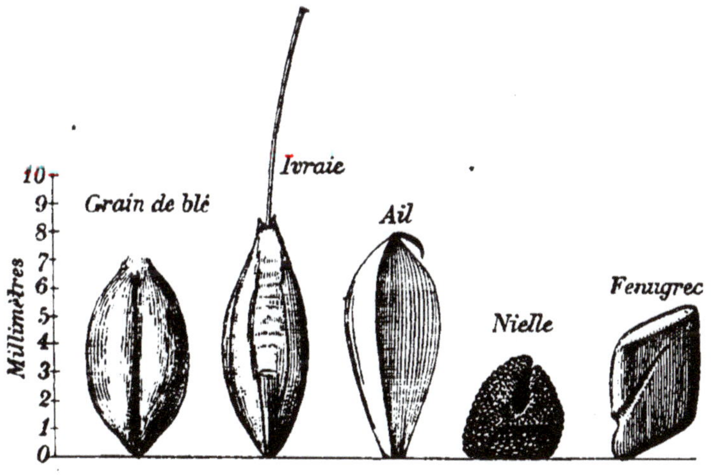

Fig. 12. — Grain de blé et mauvaises graines.

coquelicot, mélilot; d'autres sont enlevées par le tarare : jotte ou moutarde noire, oseille; d'autres se retrouvent en partie dans le grain marchand : ivraie, ergot, nielle, mélampyre, renoncule des champs, ail, gratteron, vesces, etc.

L'*ivraie* provoque, chez l'homme et chez les animaux qui l'ingèrent, des engourdissements et de la torpeur. Cette action est attribuée à des filaments de champignon placés autour de l'amande du grain d'ivraie. Un champignon analogue, mais plus nocif, a été trouvé dans quelques lots de seigle. Ce seigle enivrant doit ses propriétés à l'*Endoconidium temulentum* (Prillieux et Delacroix)[1].

Les fragments d'*ergot* restés dans les grains de mouture peuvent provoquer la gangrène et la chute des extrémités des membres.

La *nielle* rend le pain amer. Le *mélampyre* le colore en rose ou en violet. Les *vesces*, les *gesses*, l'*ail*, graissent les appareils et déprécient les farines.

Les corps inertes, pierres, terre, ficelles, clous, pailles, etc., détériorent les engins de mouture et diminuent la qualité des produits.

18. Poids de l'hectolitre. — Le poids de l'hectolitre de blé marchand varie de 76 à 83 kilogrammes. Au-dessous de 75 kilogrammes le blé est mauvais. L'hectolitre de grain humide pèse moins que l'hectolitre de même grain sec : le grain gonfle en absorbant de l'eau qui est moins dense que lui.

Le poids de l'hectolitre varie encore avec le tassement. Is. Pierre a obtenu pour le poids d'un hectolitre de blé : 78 kilogr. 8 sans tassement; 82 kilogr. 3 après trois secousses; 84 kilogr. 7 après tassement jusqu'à refus. L'administration militaire détermine le poids de l'hectolitre après remplissage de la mesure avec une trémie de dimensions et de hauteur convenues.

Sans grande erreur, on admet que la proportion d'amande pouvant fournir de la farine et le poids de l'hectolitre sont indiqués par les mêmes chiffres. Ainsi un blé pesant 74 kilogr. par hectolitre renfermerait 74 pour 100 d'amande et 26 pour 100 d'enveloppes.

Moins le blé pèse, plus il donne de son. En faisant sauter et sonner le grain dans la main, les meuniers arrivent à déterminer le poids de l'hectolitre à 1 ou 2 kilogrammes près. On dit du blé arrivant à 80 kilogrammes qu'il *pèse son poids*.

Certains vendeurs peu scrupuleux remplissent les deux tiers des sacs avec du blé avarié et les *coiffent* avec du bon blé. La fraude est démasquée en faisant vider les sacs sur un plancher.

19. Dégâts causés par des insectes. — Les insectes nuisibles au blé sont assez nombreux. Parmi ceux qui s'attaquent au grain, nous retiendrons la cécidomye, l'anguillule, la noctuelle, le charançon, la teigne et l'alucite.

1. Prillieux, *Maladies des plantes agricoles*, 2 vol., Paris, Firmin-Didot.

La *cécidomye du froment* (*Diplosis tritici*) est une petite mouche jaune, de 2 millimètres, qui apparaît fin juin. Avec sa longue tarière, elle introduit ses œufs entre les balles de l'épi. Ces œufs donnent des larves lisses, jaunes ou rouge orangé, agiles, longues de 2 millimètres, qui sucent la sève destinée au grain. Suivant le nombre de larves qu'il nourrit, le grain avorte ou bien reste petit, ratatiné, semblable au grain échaudé. La larve hiverne dans le sol et se métamorphose au printemps. Cette mouche attaque peu les blés barbus.

Fig. 13. Cécydomie.

L'*anguillule*, ou *nielle du blé*, qu'il ne faut pas confondre avec la plante du même nom, est un petit ver de 2 à 4 millimètres de long (*Tylenchus tritici*). En juin, ce ver monte dans l'épi et transforme les jeunes grains en petites galles. Enfoui dans le sol, le grain pourrit et les vers grimpent sur de nouvelles tiges vertes.

Fig. 14. Anguillule.

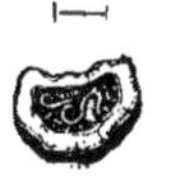

Fig. 15. Coupe d'un grain avec des anguillules. *A l'intérieur de l'amande on distingue l'anguillule.*

Le ver gris, *ver du blé*, ou chenille de la *Noctuelle du blé* (*Agrotis tritici*), est un papillon gris café au lait, long de 12 à 15 millimètres. Il attaque en juin-juillet les froments sur pied. Cette chenille ronge la paille et souvent perfore le grain. Lors du battage, le grain percé donne presque toujours du grain cassé. La noctuelle et la cécydomie sont faciles à trouver sur les épis mûrs non récoltés.

Le *charançon*, ou pou du blé (*Calandra granaria*), est noir, long de 3 millimètres. Il ronge, dans les greniers, le blé, le seigle, l'orge. Son œuf, pondu dans le sillon du grain, donne une larve molle, blanche, qui dévore toute l'amande. Arrivé à l'état adulte, l'insecte laisse une écorce vide et percée d'un trou. Le grain diminue de poids et de qualité; il prend une odeur désagréable: sa farine renferme des larves écrasées. Un coup de tarare sépare les adultes, mais les larves cachées dans les grains peuvent passer inaperçues. Pour les découvrir, il suffit d'étaler le blé dans la main et de l'examiner attentivement; si les grains remuent, ils contiennent des larves. On dit que le *blé marche tout seul*. Par immersion dans l'eau, les grains attaqués surnagent et peuvent être séparés.

Fig. 16. Noctuelle du blé.

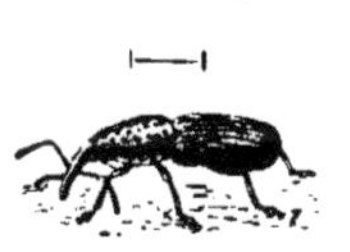

Fig. 17. Charançon.

La teigne des grains (*Tinea granella*), ou *papillon du blé*, pond pendant l'été sur les tas de grain (blé, seigle, orge). La chenille, de couleur jaune, réunit plusieurs grains par des fils de soie. Elle se tient cachée au milieu du paquet formé et dévore les grains en traçant des sillons sur l'écorce. La farine subit la même dépréciation que celle obtenue avec les grains charançonnés.

Fig. 18. Teigne des grains.

Fig. 19. Alucite des céréales.

L'*alucite* des céréales *Sitotroga cerealella*) est encore un papillon nuisible. Sa chenille cause dans les tas de grains des dégâts du même genre que ceux de la teigne. La chenille de la teigne est jaune: celle de l'alucite est blanche. Le papillon de la teigne, long de 12 millimètres, a le corps blanc et les ailes supérieures marquées de brun: le papillon de l'alucite, long de 6 millimètres, est gris cendré uniforme. L'alucite commence parfois sa ponte sur les épis, avant la moisson. La chenille dévore l'amande du grain sans toucher aux enveloppes. Un examen attentif est nécessaire pour déceler sa présence. Jetés dans l'eau les grains alucités surnagent.

20. Dégâts causés par des champignons. — Le *grain carié* (*Tilletia caries*) est plus court et plus renflé que le grain sain. Il a conservé son enveloppe, mais l'amande est remplacée par une poussière noirâtre et fétide. Les grains cariés s'écrasent pendant le battage; leur poussière se loge dans le sillon et dans les poils des grains sains. Ces poils deviennent gris; le grain est dit *moucheté*. La farine des blés cariés est bise et donne de mauvais pain. Par trempage dans l'eau, les grains cariés surnagent; les grains mouchetés peuvent être nettoyés par un lavage et un séchage rapides.

Le *Penicillium glaucum* forme souvent des taches verdâtres dans les grains moisis.

Le noir des céréales (*Cladosporium herbarum*) attaque parfois le grain, fend les enveloppes, et se montre en taches ou lignes brunes (Prillieux et Delacroix).

Le *Micrococcus tritici* corrode l'intérieur de l'amande et colore en rose pourpre le pourtour de l'albumen (Prillieux).

CHAPITRE III

CONSERVATION DES BLÉS

21. Les greniers. — Dans les greniers, le blé est conservé en couches dont l'épaisseur varie de 0 m. 25 pour les blés humides à 0 m. 75 pour les blés très secs. Avec une épaisseur plus grande, il y a lieu de craindre la surcharge des planchers et l'échauffement du grain.

Une hauteur moyenne de 0 m. 50 représente, par mètre carré, 5 hectolitres de blé pesant 400 kilogrammes.

Les couches sont des tas rectangulaires de 2 à 3 mètres de largeur et de longueur variable. Le dessus est nivelé, les bords sont alignés, ce qui facilite la surveillance et permet de reconnaître les prélèvements.

Les tas sont séparés les uns des autres soit par des planches soit par des passages de 1 mètre.

Au grenier, on loge certains instruments : trieur, tarare, bascule, etc. Un espace libre de 4 mètres sur 4 mètres est nécessaire pour les nettoyages. Dans les greniers des fermes, la surface couverte par le grain varie de la moitié aux trois quarts de la surface totale.

Pour faciliter la circulation, on commence souvent à placer le grain dans les angles du grenier, le bord libre du tas de blé s'incline d'environ 30° sur l'horizon. L'angle d'inclinaison est le *talus naturel* du grain (fig. 20).

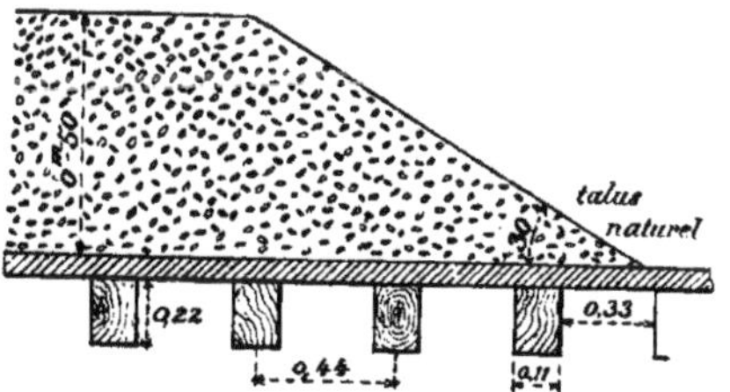

Fig. 20. — Plancher chargé de blé.

Dans beaucoup de petites exploitations, le grenier est situé au-dessus de la maison d'habitation. Il faut éviter de p acer le grain au-dessus des étables, à moins que le plafond ne soit hourdé à plein et carrelé. Les greniers des grandes fermes sont placés au-dessus des hangars et le plafond est formé de lames de parquet.

Des ouvertures, ménagées au sud et au nord, permettent de donner de l'air et de la lumière. Une toile métallique empêche l'entrée des moineaux et des pigeons.

22. Les silos et les greniers mécaniques. — Depuis la plus haute antiquité, le blé a été conservé dans des capacités closes et enterrées ou *silos*.

Les silos ont été établis avec de la terre battue, de la maçonnerie, des coffres en bois, des jarres de terre cuite, etc.

Ils ont été utilisés par les Egyptiens, les Romains, les Gaulois, les Chinois et les Arabes. On trouve encore des silos en Algérie et en Espagne.

Le grain de blé, qui est vivant, respire et transpire. Placé dans une capacité close, il s'entoure d'une atmosphère riche en gaz carbonique et en vapeur d'eau. Le gaz carbonique protège le grain contre les insectes, mais, sous l'influence des variations de température, la vapeur d'eau peut se condenser en quantité suffisante pour provoquer la germination.

Dans ses études sur l'ensilage, entreprises vers 1850, Doyère reconnut : que le blé ne peut pas être conservé par ensilage quand il renferme plus de 14 à 15 pour 100 d'eau ; que les silos aériens sont inférieurs aux silos souterrains, en raison de leurs variations de température et de la pénétration facile de l'air à travers les parois ; que les silos métalliques sont préférables aux silos en maçonnerie. Les *silos métalliques* furent très en faveur dans la seconde moitié du XIXe siècle.

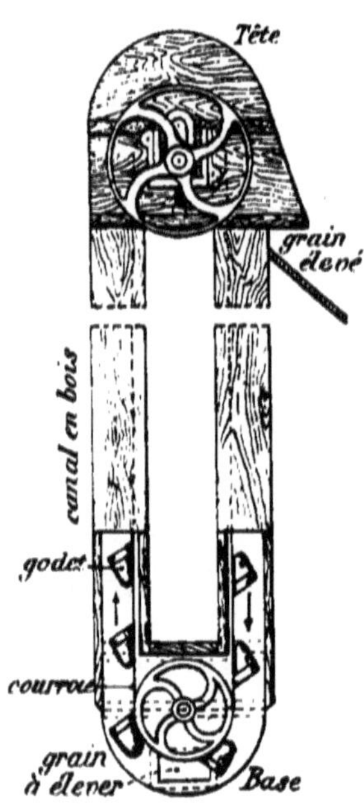

Fig. 21.
Élévateur a godets.

Afin d'éviter les condensations d'eau, toujours à redouter en vase clos, les silos furent remplacés par des *greniers mécaniques*. Dans ces greniers, les grains sont soumis à une aération et à un mouvement presque continus, grâce à des chutes successives sur des lames inclinées, disposées en zigzag, et à un remontage par un élévateur à godets. L'air empêche les fermentations et le mouvement éloigne les charançons. Tel est le principe des greniers proposés par Evans, Huart, Pavy, etc.

La pratique montra que les silos métalliques aériens s'échauffaient facilement et que les greniers mécaniques entraînaient une depense assez élevée d'installation et de fonctionnement : 0 fr. 50 à 1 franc par hectolitre et par an. Ces appareils de conservation sont à peu près abandonnés.

23. Magasins à blé. — Les magasins modernes, comme

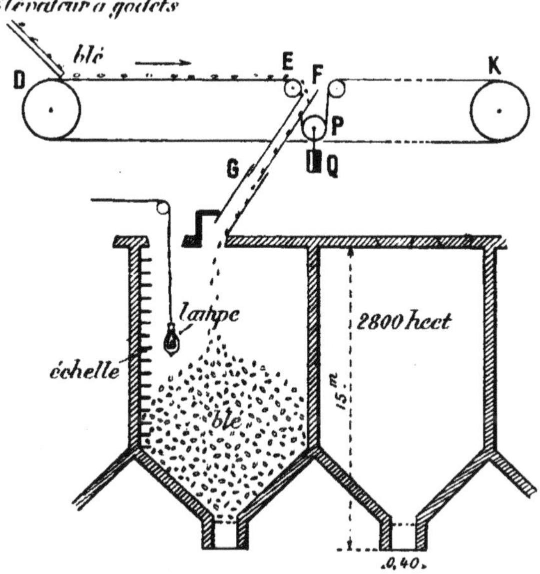

Fig. 22. — Coupe des silos de Corbeil remplis par un transporteur.

ceux des Moulins de Corbeil, sont construits en pierre meulière. Les cloisons intérieures sont en ciment armé ou en briques revêtues de ciment et soutenues par des entretoises en fer. Les planchers sont en tôle.

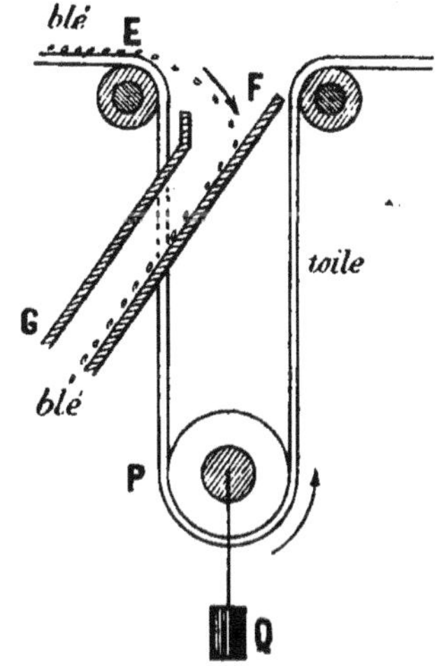

Fig. 23.
Détail de la chute du blé dans un transporteur.

A Corbeil, 40 silos sont disposés sur deux rangs et logés dans un bâtiment très élevé. Chaque silo a 15 mètres de profondeur et peut loger 2800 hectolitres de blé ; il porte une échelle de fer scellée dans le mur et peut être éclairé par une lampe électrique.

Le grain, nettoyé et ventilé, est monté par un *élévateur à godets* dont le fonctionnement est facile à comprendre (fig. 21).

Puis, le blé est déplacé horizontalement par un *transporteur à toile sans fin* (fig. 22).

Ce transporteur est formé d'une bande de forte toile caoutchoutée, large de 0 m. 40, qui roule sur des galets à une vitesse de 3 mètres par seconde.

Quand la bande arrive en E (fig. 22 et fig. 23), elle descend suivant EP ; mais, le grain, lancé suivant EF, est arrêté par la planchette F et évacué dans le conduit latéral FG.

En déplaçant le charriot EPF et le poids tenseur Q, on peut détourner le grain en un point quelconque du parcours DK.

Fig. 24. Pelle en bois pour le pelletage des grains.

24. Les soins à donner au grain. — Avant d'être livré au commerce, le blé peut avoir besoin d'être séché, nettoyé, pesé ou mesuré, préservé contre les dégâts des insectes et des rongeurs.

25. Séchage des blés. — Placé dans une bouteille bouchée, le blé nouveau moisit; mis en gros tas à l'air libre, il s'échauffe rapidement. Ces altérations sont provoquées par un excès d'humidité.

Pour faciliter la dessiccation du grain, on aère les greniers, on établit des couches peu épaisses, on fait subir au blé des pelletages répétés pendant les journées sèches. Avec une pelle en bois (fig. 24), le blé est lancé en éventail.

Un coup de tarare donne une ventilation plus énergique.

Duhamel du Monceau préconisait l'étuvage des blés humides. D'après Laffiley, on peut placer, au milieu du tas à sécher, un panier de chaux vive en pierre (1 hectolitre de

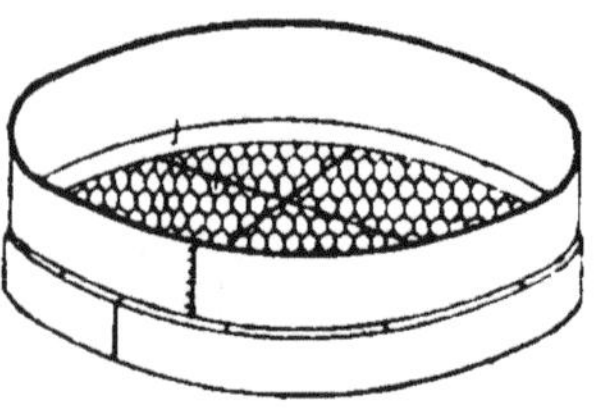

Crible. Fig. 25. Tôle perforée.

chaux pour 50 hectolitres de blé). Au bout d'un mois, et après deux remontages du tas, la chaux a absorbé l'excès d'humidité du grain. On a conseillé également de laisser dans le blé humide une certaine quantité de balles qui favorisent l'aération.

A la ferme de la Manderie (Loiret), de bons résultats ont été obtenus par M. Fouret avec une installation comprenant trois étages ou planchers superposés. Le blé est placé au premier étage. Par une trémie, il descend au rez-de-chaussée sur un transporteur qui le déverse dans une bâche où il est repris par un élévateur à godets. Le grain est déversé dans un tarare situé au troisième étage. A la sortie du tarare, le blé reçoit l'une des destinations suivantes : il est ensaché, ou passé à un trieur situé au deuxième étage, ou enfin remis en tas au premier étage pour une nouvelle circulation semblable à la première. Une très faible force suffit, et, avec une locomobile dépensant 1 fr. 60 de charbon par journée de huit heures, on peut préparer, par heure, 15 hectolitres de blé de commerce ou 5 hectolitres de blé de semence passé au trieur.

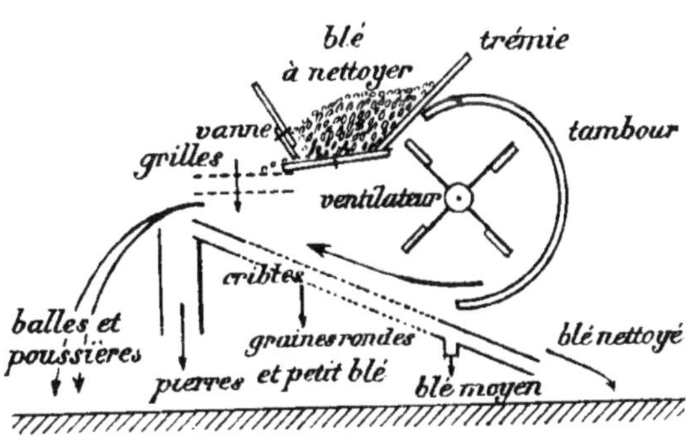

Fig. 26. — Fonctionnement du tarare.

D'après Parmentier, le moyen qui présente le plus d'avantages pour conserver les blés déjà *secs*, propres et exempts d'insectes, consiste dans l'emploi de grands sacs de toile, séparés du mur par un passage, et isolés entre eux par des morceaux de bois. Quand le plancher est solide, on peut même placer deux couches de sacs superposées.

26. Nettoyage. — Le cultivateur nettoie son grain avec des instruments simples, tels que le van, le crible ou le tarare.

Les cribles (fig. 25) sont fabriqués avec des cercles de hêtre et des fonds en tôle perforée, en peau perforée, en toile de laiton ou de fil de fer.

Le tarare (fig. 26) sépare les grains à la fois d'après leur densité et d'après leur volume. Le blé, placé dans une trémie, passe par une vanne de réglage, plus ou moins ouverte, et tombe sur deux grilles qui séparent les pierres et les gros débris. En même temps, un courant d'air, provoqué par un ventilateur à mouvement rapide, chasse les corps légers, petites pailles, balles et poussières. Le blé tombe sur un crible incliné soumis à un mouvement alternatif de va-et-vient qui sépare les petites graines.

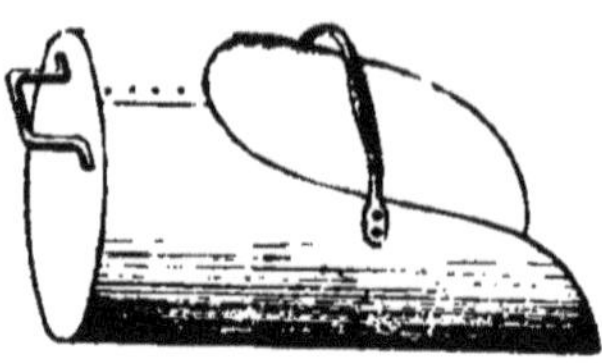

Fig. 27.
Puisette de 25 litres pour l'ensachage rapide des grains vendus au poids.

Avec un tarare d'une cinquantaine de francs, deux ouvriers peuvent nettoyer 4 hectolitres de blé à l'heure.

27. Ensachage. — L'ancien mode de vente au décalitre n'est plus usité : il comporte de trop grands écarts de poids pour une même capacité. En moyenne, on compte, dans un tas de blé, 3 dixièmes de vide pour 7 dixièmes de plein ; mais, suivant que le remplissage de la mesure est obtenu par légère poussée dans le tas, ou par pelletées successives, ou par déversement dans une trémie, ou, enfin, par tassement à refus, on obtient des poids très différents.

Actuellement, le blé est vendu à l'hectolitre, réglé au poids de 81 kilos, toile comprise. Pour l'ensachage rapide des grains vendus au poids, l'emploi d'une puisette (fig. 27) est très avantageux.

Il existe différents modèles d'ensacheurs (fig. 28) qui soutiennent le sac à remplir et remplacent un ouvrier.

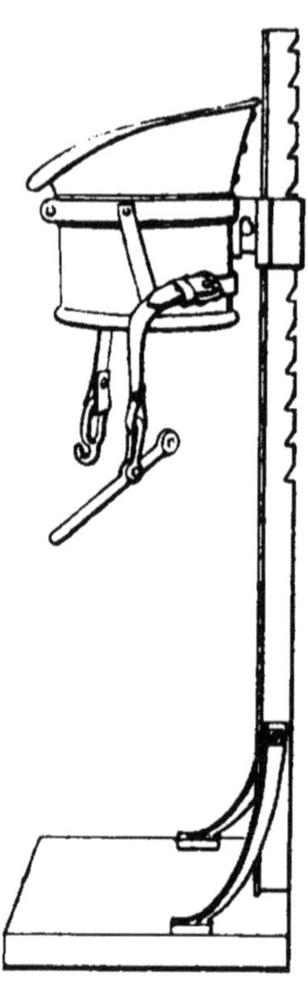

Fig. 28. — Ensacheur.

28. Manutention. — Sur les planchers des greniers, les sacs sont transportés avec une brouette de forme particulière (fig. 29). Il est bon de placer des heurtoirs sur les montants de la brouette afin d'éviter l'écrasement des mains dans le cas d'abaissement brusque de l'appareil.

Pour monter les sacs, on utilise des monte-charges, palans, treuils ou monte-sacs (fig. 30). Pour la descente des greniers et le chargement sur les voitures, on emploie une planche inclinée.

29. Protection contre les rongeurs. — Pour protéger le blé contre les rats et les souris, on évite, le plus possible, de laisser des refuges dans les plafonds et dans les charpentes. Le plancher du grenier est établi en parquet, en ciment armé ou en carrelage. Les trous sont bouchés avec du ciment. Une bande de fer-blanc brillant fixée aux murs, à 1 mètre au-dessus du plancher, entrave la circulation des rongeurs.

Fig. 29.
Brouette a sac.

Pour détruire les rats logés dans une pile de sacs, on entoure le tas d'une muraille en bois, haute de 0 m. 50, et garnie de fer blanc sur sa face intérieure. En démolissant le tas de sacs, il est facile de tuer les rongeurs qui ne peuvent s'échapper.

Enfin, on peut placer, sur les pièces de charpente, un poison ainsi préparé :

Arsenic en poudre blanche. .	1 partie
Noix pilée ou farine de blé . .	1 partie

Fig. 30. — Treuil a engrenages pourvu de deux vitesses et d'un frein.

Ce produit est très actif, mais très dangereux. Son emploi exige de sérieuses précautions.

30. Protection contre les insectes. — Le charançon est le plus redoutable ennemi du blé dans les greniers.

Cet insecte recherche l'obscurité et la tranquillité : il faut donc éclairer les greniers et remuer souvent les tas de blé. Si un petit tas reste non pelleté, les charançons s'y réfugient, ce qui permet d'en détruire un grand nombre. Les déchets de nettoyage ne devront pas rester au grenier. Les murs seront blanchis à la chaux.

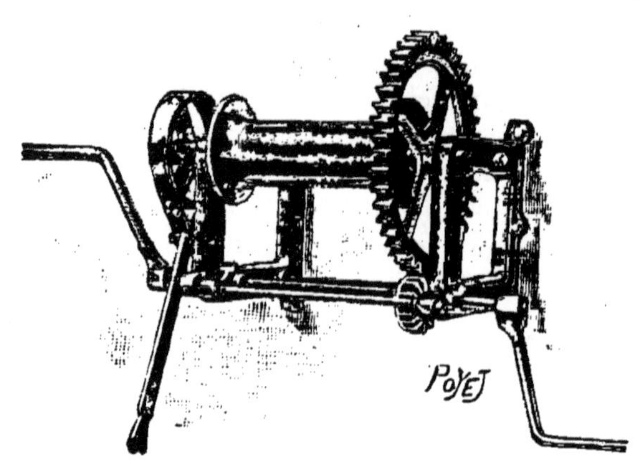

Fig. 30 *bis*. — Monte-sacs pour graineterie et boulangerie. (*Construction H. Rose.*)

Beaucoup d'odeurs ont été signalées comme éloignant les charançons : acide phénique, absinthe, chanvre, pyrèthre, ail, camomille, térébenthine, goudron, etc. M. Carré recommande d'asperger au pulvérisateur les murs et les carrelages avec une décoction de 30 têtes d'ail dans 10 litres d'eau bouillante. On obtiendrait aussi de bons résultats en logeant pendant six mois du foin dans le grenier.

Pour détruire tous les insectes du blé en tas (alucite, charançons, etc.), on emploie le sulfure de carbone. Une barrique défoncée d'un bout est remplie de grain, et, à trois ou quatre reprises pendant le remplissage, on arrose avec 20 grammes de sulfure de carbone par hectolitre. Au bout de 24 heures, tous les insectes sont tués. On aère le blé qui perd rapidement toute odeur. Il ne faut pas oublier que les vapeurs de sulfure de carbone sont *très inflammables*.

CHAPITRE IV

COMMERCE DES BLÉS

31. Production du blé. — Dans les dix dernières années, la récolte du blé français a atteint les chiffres suivants :

ANNÉES	HECTARES ensemencés	PRODUCTION en hectolitres	RENDEMENT moyen à l'hectare en hectolitres	PRIX MOYEN de l'hectolitre
1898	6.963.000	128.096.000	18.40	19.90
1899	6.940.000	128.418.000	18.50	15.35
1900	6.864.000	114.710.000	16.70	14.77
1901	6.793.000	109.573.000	16.10	15.44
1902	6.563.000	115.530.000	17.60	16.53
1903	6.478.000	128.385.000	19.80	17.20
1904	6.528.000	105.305.000	16.10	16.53
1905	6.509.000	118.212.000	18.15	17.63
1906	6.516.000	114.500.100	»	»
1907	6.528.000	130.376.000	»	»

En moyenne, la France ensemence 6 700 000 hectares de blé qui produisent 17 hl., 50 de grains par hectare.

D'après M. Grandeau, la production du blé dans le monde atteindrait 679 millions de quintaux. Les pays ci-après produiraient chacun plus de 10 millions de quintaux :

États-Unis	137 170.000	quint.	Espagne	24 490.000	quint.
Russie	108.290.000	—	Rép. Argentine	16.790.000	—
France	85.740.000	—	Roumanie	15.320 000	—
Indes	66.790.000	—	Angleterre	14.180.000	—
Autriche-Hongrie	52.420.000	—	Canada	13.470.000	—
Italie	32.140.000		Australie	10.850.000	—
Allemagne	29.830.000	—	Bulgarie	10.720.000	—

32. Variations mensuelles du prix du blé. — Les cultivateurs posent souvent cette question : à quelle époque de l'année dois-je vendre mon blé? En examinant la marche des cours pendant une série d'années, on peut obtenir quelques indications sur ce point.

Les prix à comparer peuvent être les prix moyens d'un

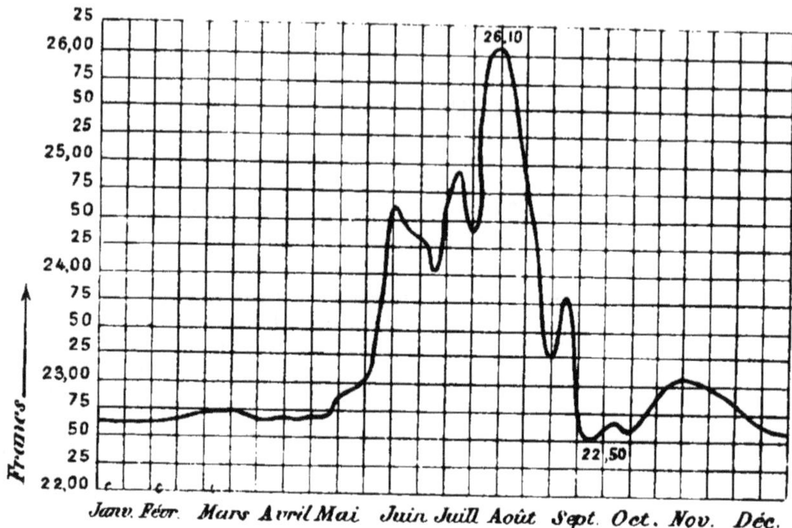

FIG. 31. — GRAPHIQUE DES VARIATIONS DE PRIX DU BLÉ EN 1907.

marché, d'un département, d'une région ou de toute la France. Nous ne consignons ici que les prix moyens en France. Mais l'examen des prix locaux est plus intéressant, et nous recommandons aux agriculteurs de pointer, sur un papier quadrillé, les cours du blé, semaine par semaine, comme l'indique la figure 31. En joignant les points par une ligne, on discerne l'allure des cours, et on peut ainsi ajourner ou précipiter la vente.

En général, la hausse est faible et prolongée pendant plusieurs mois. Exemple : 22 fr. 60 à 26 fr. 10 pendant les sept premiers mois de 1907. Au contraire, la baisse est souvent rapide et forte en quelques semaines. Exemple : 26 fr. 10 à 22 fr. 50 dans les six semaines du 7 août au 20 septembre 1907. D'ordinaire, quand la hausses commence, les offres deviennent plus rares, et, lorsque la baisse apparaît, les offres se multiplient.

Si nous examinons les prix moyens mensuels depuis huit ans (voir le tableau), nous reconnaissons qu'à une exception près, celle de l'année 1904, ces prix ont suivi chaque année des variations à peu près semblables.

Tableau des prix moyens du quintal de blé en France de 1900 à 1907.

MOIS	1900	1901	1902	1903	1904	1905	1906	1907	PRIX MOYENS
	francs	francs	francs	francs	francs	francs	francs	francs	francs
Janvier . . .	18.05	18.33	20.83	20.81	20.51	22.84	22.79	22.65	20.79
Février . . .	18.49	18.75	20.95	21.58	20.52	22.92	22.90	22.68	21.10
Mars	18.71	18.86	20.92	22.13	21.40	22.83	22.86	22.73	21.30
Avril	18.77	18.76	21.02	22.69	21.05	23.11	22.83	22.70	21.37
Mai	18.84	18.87	21.11	23.74	20.52	23.37	22.85	23.01	21.54
Juin	18.86	19.02	21.38	23.63	19.90	23.47	22.66	24.33	21.65
Juillet. . . .	19.05	19.21	22.51	23.50	19.77	23.38	22.93	24.99	21.91
Août.	18.63	20.07	21.94	22.49	20.66	22.60	22.70	24.74	21.73
Septembre. .	18.58	20.49	20.51	20.72	21.43	21.78	22.21	22.87	21.07
Octobre. . .	18.66	20.30	20.48	20.67	22.04	21.93	22.45	22.79	21.16
Novembre .	18.70	20.21	20.71	20.69	22.28	22.12	22.59	23.00	21.30
Décembre. .	18.83	20.52	20.71	20.55	22.74	22.59	22.68	22.63	21.40

Fin juillet, au moment de la moisson, les offres de la culture sont rares et les réserves de la meunerie sont presque épuisées. Les premiers lots de blé nouveau se vendent à un prix élevé, souvent le plus élevé de l'année. Il y a donc avantage à battre et à vendre dans la dizaine qui suit la moisson.

Puis, en août et septembre, beaucoup de cultivateurs offrent leur blé au meunier: les prix subissent une baisse marquée et la meunerie se constitue des réserves.

En octobre, les attelages sont pris par les travaux de semailles et le cultivateur n'a guère le temps d'effectuer des livraisons. Les offres se font plus rares et les cours remontent lentement jusqu'en décembre. De janvier à juillet, les cours continuent également à monter, mais avec des oscillations sensibles (1901, 1904, 1905, 1906).

Cette allure des cours mensuels est assez constante mais ne saurait présenter la régularité d'une loi. Il faut, en effet, tenir compte de bien des influences: *importance des récoltes* dans la région, en France, en Europe et dans le monde entier; *besoins de la minoterie locale*; *manœuvres de la spéculation*, etc.

Pour déterminer le mois où, pour un groupe d'années, les cours sont le plus avantageux, il faut additionner les prix pour tous les mois de janvier, tous les mois de février, etc. et établir des moyennes mensuelles.

Puis, il importe de déduire 1° les frais et pertes causés par la conservation du blé en meule (couverture, germination) ou du blé en grenier (nettoyage, dessiccation, dégâts des insectes et des rongeurs); 2° l'intérêt produit par le prix de vente du blé.

Ces frais varient dans chaque cas particulier. Il appartient aux intéressés de les déterminer et de les faire figurer dans le calcul du prix net.

En consultant la dernière ligne du tableau des prix moyens de 1900 à 1907, on reconnaît que, pour des ventes faites tous les ans, le même mois, les plus grosses recettes auraient été obtenues en juillet.

33. Amélioration de la vente des blés. — Pour atténuer les pertes qu'ils subissent du fait de la chute momentanée des cours, les cultivateurs peuvent avoir recours à divers moyens. Nous retiendrons les suivants: organisation de *greniers coopératifs*; *warrantage des blés et utilisation du crédit agricole*: *participation aux fournitures militaires*.

34. Les greniers coopératifs. — En Allemagne, l'État a fait construire des magasins à blé, ou Kornhauser, qui sont loués à bas prix et avec faculté d'achat aux sociétés coopératives de vente des grains.

Ces « maisons à blé » sont affiliées à une vaste fédération. Chacune agit dans un rayon déterminé. Les excédents sont écoulés dans un magasin central.

La responsabilité de chaque sociétaire est proportionnelle à la surface qu'il cultive. Les membres s'engagent à apporter chacun au moins 1000 kilogrammes de blé par hectare cultivé, ou même la totalité de leur récolte.

La coopérative vend à la commission, d'après les ordres et pour le compte des sociétaires, ou elle achète et vend pour son propre compte. Dès la livraison du blé, la coopérative avance au cultivateur les trois quarts du prix de vente probable. Le règlement définitif a lieu en fin d'exercice.

Cette organisation procure au cultivateur des économies sur le logement, la conservation et le nettoyage; en outre, elle permet de vendre au commerce au moment qui semble le plus favorable. Les bénéfices réalisés par les petits commerçants en grains restent acquis à la coopérative, c'est-à-dire aux coopérateurs.

Par contre, la construction d'un grand magasin est coûteuse. Il est vrai qu'en France les promoteurs d'une coopérative de vente peuvent, conformément à la loi du 30 décembre 1906, demander des avances remboursables en 25 ans prélevées sur les millions mis à la disposition du crédit agricole par la Banque de France. Il est à retenir aussi que les groupements d'agriculteurs pourraient utiliser les greniers des marchés couverts de beaucoup de petites villes.

Néanmoins, le producteur français garde souvent une trop bonne opinion de sa marchandise pour la confier aux soins d'une société et pour la mélanger à la récolte de ses voisins. Aussi, tandis que l'Allemagne compte plusieurs centaines de greniers coopératifs, les établissements de ce genre n'ont-ils pu, jusqu'à présent, être organisés dans notre pays.

35. Warrantage des blés. — Un moyen simple et rapide pour l'amélioration des cours du blé est fourni par le warrantage agricole.

Le greffier de la Justice de Paix établit un certificat constatant que le cultivateur conserve chez lui et offre en garantie du remboursement de l'argent qu'on voudra bien lui prêter *tant* de sacs de blé. Ce certificat, ou warrant, est le plus souvent escompté par une caisse locale de crédit agricole.

Le cultivateur qui a vendu 100 quintaux de blé au 20 septembre 1907 a obtenu 2250 francs. Il aurait pu warranter son grain et obtenir d'une caisse de crédit 2250 francs pour 23 francs pendant 3 mois. Trente jours plus tard, à la fin d'octobre, le blé valait 23,10 soit 2310 francs pour 100 quintaux. Le cultivateur aurait ainsi reçu 60 francs de plus et aurait gagné 60 — 23 = 37 francs.

36. Fournitures à l'administration militaire. — Dans sa circulaire du 8 octobre 1907, le Ministre de la Guerre constate les bons résultats des achats directs à la culture entrepris en 1904, 1905 et 1906. La même circulaire donne aux soumissionnaires la faculté de présenter des échantillons avant l'adjudication ; elle prévoit le paiement direct et immédiat des fournitures de 100 quintaux et au-dessous ; enfin, elle établit les tolérances suivantes pour les achats de blé.

Poids spécifique. — Tolérance, 1 kilogramme en moins, sans que le poids spécifique puisse descendre au-dessous de 76 kilogrammes. Réfaction de 0,5 pour 100 par 250 grammes ou fraction de 250 grammes au-dessous du poids fixé.

Déchet de criblage. — Tolérance, 500 grammes en plus, sans que le total dépasse 2 pour 100. Réfaction égale aux poids trouvés en plus des fixations du cahier des charges multipliées par le prix du blé.

Les achats se font par le *système de l'entreprise* ou par le *système de la gestion directe.* Voici, d'après MM. Tonny Perrin et Dulac, quelques indications sur ces modes d'achat.

L'***entreprise*** est un contrat à forfait avec un tiers qui se charge de fournir une certaine quantité de vivres d'une qualité déterminée. Dans l'état actuel de la réglementation, les agriculteurs peuvent difficilement intervenir, parce qu'il s'agit généralement d'approvisionnements de pain ou de farine. S'il s'agit du mode d'approvisionnement dit en *service courant et réserve*, le contractant est obligé d'entretenir certaines quantités en magasin et de les écouler à mesure des besoins pour l'alimentation des troupes. Mais le magasin appartient le plus souvent à l'État, qui le loue, et on ne peut en disposer par ailleurs. S'il s'agit du mode dit en *concentration et stations magasins*, le contractant assume la charge d'entretenir des denrées qui ne cessent de lui appartenir ; il peut les acheter et vendre pourvu que la quantité minima fixée reste en magasin, à la disposition de l'administration. Ces marchés d'entreprise se font toujours en adjudication.

La ***gestion directe*** permet à l'administration d'acheter directement les denrées dont elle a besoin. Elle est en vigueur dans 67 places pour le blé et 131 pour l'avoine. Les modes d'achat sont variés. Ils peuvent se résumer à cinq, dont voici le principe :

1° *Adjudication ancien système* (Paris, 3e, 5e, 6e, 8e, 9e, 15e, 16e, 17e et 19e corps, sauf Orléans, Nevers et Toulouse, pour le blé; dans toutes les places en gestion directe pour foins et paille, sauf Rennes, Épinal et Tarbes).

L'administration fait une demande de soumissions, pour la fourniture dont elle indique les conditions de qualité et livraison dans un cahier des charges, ainsi que la date et l'heure de l'adjudication.

L'agriculteur formule sur papier timbré la soumission, comme le cahier des charges en donne le modèle, exprimant la quantité offerte en quintaux (minimum 10 quintaux) et le prix du quintal en francs et centimes. Et il l'envoie par lettre recommandée, ou la remet en séance publique au président de la commission d'adjudication.

Gardé secret dans une lettre close, le prix maximum fixé par le ministre est révélé, et on classe les acceptations aux prix inférieurs à ce maximum, les plus bas offrant étant les premiers.

Le plus grand inconvénient de ce système est la difficulté pour l'agriculteur de prévoir à l'avance si sa marchandise sera reconnue conforme au type exigé. Il livre dans le délai fixé par le cahier des charges, et si l'officier gestionnaire prononce le refus, il lui faut remplacer la marchandise refusée.

Il y a aussi l'ennui de nombreuses démarches.

2° *Adjudications sur échantillons* (1er, 2e, 4e, 7e, 10e, 11e, 12e, 13e, 14e, 18e et 20e corps, applicables aux blés, avoines et orges).

Particularités : dates des adjudications et quantités demandées fixées au début de l'année. — Séance préparatoire précédant l'adjudication, pour examiner les échantillons. Le soumissionnaire s'engage à une livraison conforme. — Paiement comptant (pour les fournitures inférieures à 100 quintaux).

Les dates d'adjudication correspondent aux jours de marché. Les quantités sont échelonnées sur toute l'année (sans engagement).

On examine les échantillons (1-2 kilos) : admission pure et simple, ou refus. — Les soumissions ont lieu comme dans l'ancien système, sauf l'engagement de conformité à l'échantillon (il faut la qualité au moins egale).

3° *Achats directs* (Orléans, Nevers et Toulouse pour le blé ; Toulouse pour l'avoine ; Rennes, Épinal et Tarbes pour foins et pailles).

La commission est réunie (généralement à la manutention). Les cultivateurs apportent leurs échantillons (maximum d'achat, 1500 francs) ou un chargement de voiture (maximum 500 francs). La commission examine, accepte ou refuse, et, si elle accepte, fixe le prix offert par quintal. Le propriétaire accepte ou refuse. S'il accepte, les quantités achetées sont présentées, livrées et payées immédiatement, quand il s'agit de chargement de voiture ; la quantité qu'on désire fournir est indiquée, quand il s'agit d'échantillon, et a lieu alors dans un délai de quinze jours.

4° *Achats à caisse ouverte* (exercice de ravitaillement). — Marché de gré à gré. Les quantités demandées sont réparties entre les différentes communes de la circonscription et le prix fixé (pour la qualité loyale et marchande). Ces renseignements sont envoyés aux maires. Les agriculteurs indiquent leurs quantités sur un registre à la mairie (s'il y a excédent, on supprime les dernières en date).

Au jour dit, la commission se réunit au centre de réception. Et les denrées acceptées sont payées immédiatement par l'agent du Trésor.

5° *Achats sur simple facture* (décret du 14 février 1904).

A la suite du rapport de la Commission chargée par le Ministre de la Guerre de rechercher les meilleurs procédés d'achat de denrées agricoles par l'administration militaire, on a décidé de mettre à l'essai des achats de grains et de fourrages directement par les officiers. Ces officiers se rendent sur le marché et peuvent traiter jusqu'à concurrence de 10000 francs. La livraison et le paiement ont lieu immédiatement.

CHAPITRE V

MOTEURS A MOULINS

37. Organisation d'un moulin. — Au point de vue mécanique, un moulin se compose de quatre parties essentielles que nous étudierons successivement :

1° Le *moteur* : roue hydraulique, turbine, machine à vapeur, etc.;

2° Le *nettoyage*, avec ou sans lavage;

3° La *mouture*, par meules ou par cylindres;

4° Le *blutage*, par bluteries planes, rondes, etc.

Un moulin comprend divers bâtiments : un local pour le *moteur*, un local de *nettoyage*, une usine de *mouture et blutage*, un *magasin à blé*, un *magasin aux farines*, un *bureau*, le *logement* des hommes et les *écuries* des animaux de trait.

D'après M. Schilde-Treherne, il est bon, pour diminuer les risques d'incendie : 1° de séparer le plus possible les bâtiments les uns des autres et de relier les magasins à l'usine par des passerelles en fer; 2° d'éclairer tous les locaux à la lumière électrique; 3° d'établir les planchers des magasins et des bureaux avec des solives en fer et des entrevous en briques.

Ce mode de construction n'augmente pourtant pas la sécurité dans l'usine de mouture qui doit renfermer beaucoup d'appareils en bois. En cas d'incendie, les solives en fer se dilatent et renversent les murs; en outre, les solives et les planchers en bois se prêtent mieux à l'installation des poulies, canaux, etc.

Le rez-de-chaussée des magasins est établi sur voûte, à 1 mètre de hauteur au-dessus du sol, pour faciliter le chargement et le déchargement des marchandises.

Le bureau est placé de façon à permettre un contrôle facile des entrées et des sorties.

38. Force motrice nécessaire aux moulins. — En 1884, Grandvoinnet a obtenu les résultats suivants, exprimés en chevaux-vapeur :

Mouture de 100 kilogrammes par heure.

Avec les meules.

	Chevaux-vapeur
Pour le broyage	8.81
Pour la remouture des gruaux	1.92
Total.	10.73

Avec les cylindres.

	Chevaux-vapeur.
Pour la série des 6 broyeurs	1.01
Pour le sassage.	0.34
Pour le désagrégeage.	0.15
Pour le blutage et le convertissage	4.23
Total	6.65

Dans les calculs précédents, il n'est tenu aucun compte du travail de nettoyage des grains, beaucoup plus complet dans les minoteries à cylindres que dans les moulins à meules. Aussi, sans grande erreur, peut-on admettre la même dépense de force pour le travail de 100 kilogrammes de blé avec les meules ou avec les cylindres.

FIG. 32. — MOULIN A VENT.

A, A, *ailes*; B, *axe des ailes*; C, *roue à chevilles*; D, *lanterne*; m, *meules*; L, *levier*; V, *axe du moulin*.

En pratique, on compte, par cheval-vapeur et par 24 heures, sur un débit de 4 quintaux de blé, nettoyage, broyage et blutage compris. Un travail journalier de 100 quintaux de blé exige donc une force d'au moins 25 HP.

39. Les moteurs des moulins. — La force motrice nécessaire aux moulins est obtenue avec différents moteurs :

Moteurs éoliens : moulins à vent;
Moteurs hydrauliques : roues et turbines;
Moteurs à explosions : à pétrole, à alcool, à gaz pauvre;
Moteurs à vapeur.

Les moulins à eau sont ordinairement les plus avantageux et le choix d'un emplacement peut souvent se résumer ainsi : chute élevée, abondante, régulière; bonne route; proximité d'une gare. En général, on moud dans les pays de production et on expédie les farines dans les centres de consommation.

Nous dirons seulement quelques mots des moulins à vent et des moteurs hydrauliques.

40. Les moulins à vent. — Les moulins à vent se font de plus en plus rares. Cependant, ils tournent encore dans cer-

Fig. 33. — Moulin éclipse.

taines régions, comme les plaines de la Beauce, les coteaux de Gascogne et les côtes de l'Océan.

Un moulin à vent (fig. 32) se compose d'un volant formé de quatre ailes, A, A, portées par un arbre BB qui fait avec l'horizontale un angle de 10 à 15 degrés. Une roue à chevilles, C, est calée sur B. Elle engrène avec une lanterne, D, montée sur l'axe de la meule courante, *m*.

L'ensemble du moulin est supporté par l'axe V qui s'appuie sur le socle E. Au moyen d'un levier, L, on peut faire tourner tout le moulin sur l'axe V, de façon à placer l'axe des ailes dans la direction du vent.

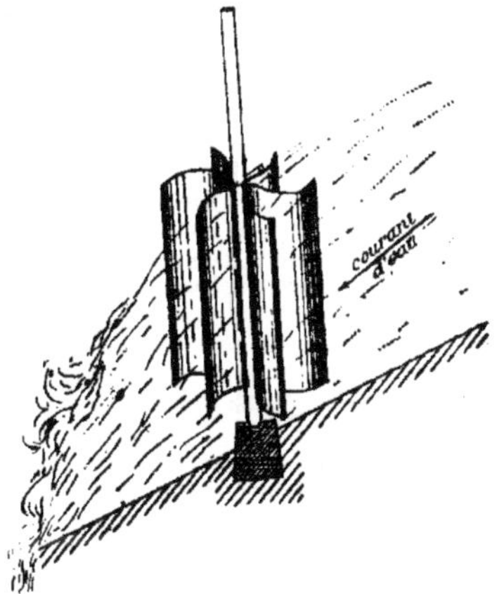

FIG. 34. — ROUE A CUILLER.

Chaque aile est une sorte d'échelle, légèrement contournée en versoir de charrue, et recouverte de toile. Les ailes sont successivement amenées à leur position la plus basse et maintenues par un frein. Le meunier peut ainsi grimper sur les échelons pour tendre ou pour serrer les voiles. Cette manœuvre est longue, dangereuse, et ne peut pas être répétée à chaque changement de vitesse du vent.

Aussi, d'ingénieux constructeurs ont-ils établi des moulins à vent perfectionnés, formés de nombreuses petites ailes courbes métalliques disposées en cercle (fig. 33). Lorsque la pression devient trop forte, les ailettes s'effacent; ou encore, si les ailettes sont fixes, toute la roue motrice devient oblique par rapport à la direction du vent.

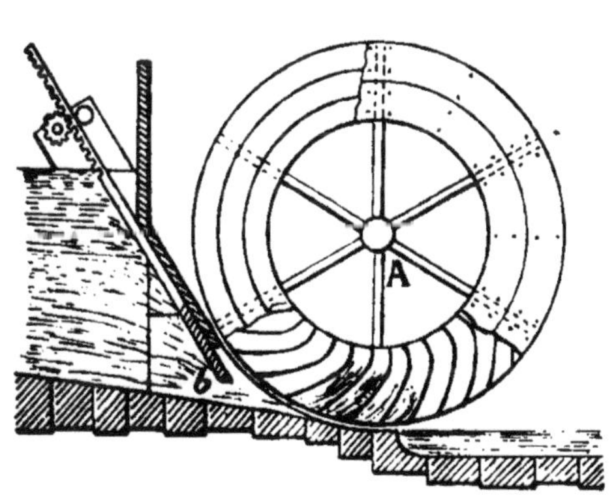

FIG. 35. — ROUE EN DESSOUS, A AUBES. b, *vanne*; A, *axe de la roue*.

On arrive ainsi à une meilleure utilisation de la force du vent et à un réglage automatique.

41. Roues hydrauliques. — Les roues hydrauliques utilisent soit la force vive de l'eau courante, soit le poids de l'eau qui tombe, soit les deux forces précédentes à la fois.

Une rivière qui, à la seconde, débite 1 mètre cube d'eau avec une vitesse de 1 mètre fournit, par sa force vive, un travail de

$\frac{1}{2}\times\frac{1000}{9,8}\times 1\times 1 = 5$ kilogrammètres, soit $\frac{1}{15}$ de cheval-vapeur.

Une autre rivière qui, en une seconde, débite 1 mètre cube d'eau avec une chute de 1 mètre fournit un travail de 1 000 kilogrammes × 1 mètre = 1 000 kilogrammètres, soit 13 HP, 33.

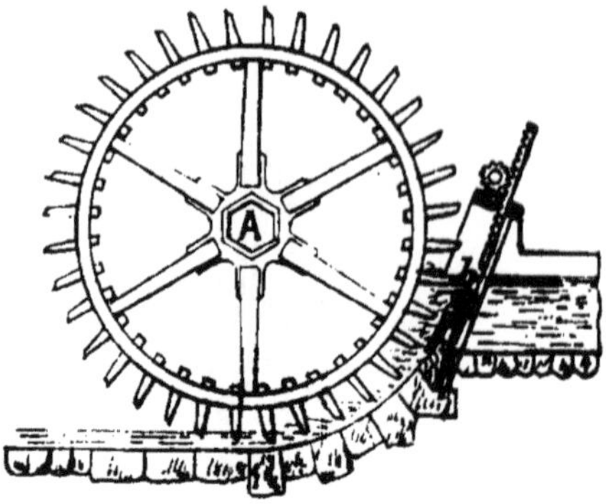

Fig. 36. — Roue de côté a palettes. b, *vanne*; A, *axe de la roue.*

C'est donc surtout par la chute que l'eau produit du travail.

Les roues hydrauliques sont de types très divers parmi lesquels nous retiendrons seulement la roue à cuiller, les roues en dessous, les roues de côté et les roues en dessus.

La *roue à cuiller*, utilisée dans les pays de montagnes, est formée d'un axe vertical garni, sur sa partie inférieure, de palettes courbes (fig. 34). Un conduit amène un rapide courant d'eau dont la force vive heurte les palettes et les fait tourner. La rotation est souvent assez rapide pour que l'axe de la roue actionne directement la meule. Mais le rendement de la roue ne dépasse guère 30 0/0 de la force reçue.

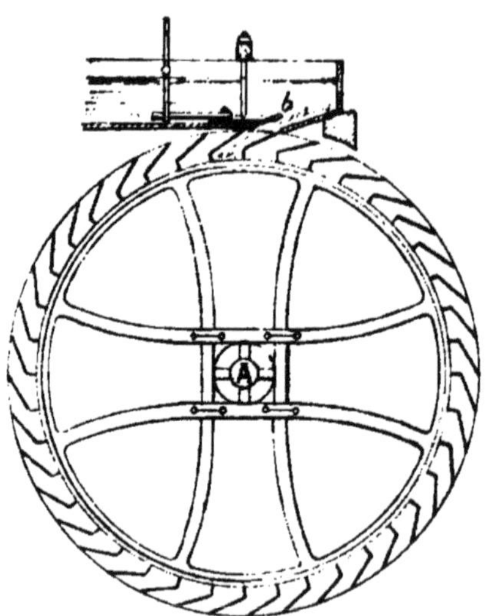

Fig. 37. — Roue en dessus avec augets et tête d'eau.

Les roues à axe horizontal procurent une meilleure utilisation de la force. Leur rendement arrive à 50 et 60 0/0.

L'eau arrive sur la roue soit en *dessous* (fig. 35), soit *par côté* (fig. 36), soit *en dessus* (fig. 37). L'action de l'eau est reçue soit par des lames planes ou *palettes* (fig. 36), soit par des lames courbes ou *aubes* (fig. 35), soit, enfin, par des *augets* (fig. 37).

42. Turbines. — Les turbines utilisent à la fois le poids et la réaction de l'eau. Pour comprendre leur fonctionnement, supposons deux couronnes de fonte, l'une, A, fixe, l'autre, B, mobile (fig. 38).

Si l'eau arrive avec vitesse dans un conduit courbe, elle se dirige suivant *f* et pousse la paroi M de la roue mobile. Or, les roues A et B sont garnies d'un grand nombre d'aubes semblables à R et à M qui, toutes, produisent des pressions semblables à *f*, de sorte que la roue B tourne dans le sens F.

Dans la turbine que nous venons de décrire, l'eau arrive au centre, suit un rayon et sort à la circonférence : la turbine est dite radiale *centrifuge*. Ex. : turbine Fourneyron.

Si, au contraire, la couronne extérieure est fixe et envoie de l'eau dans la couronne intérieure mobile, la turbine est dite radiale *centripète*.

Il existe aussi des turbines où les deux couronnes ne sont plus concentriques, mais superposées : ce sont les turbines *parallèles*. Ex. : turbine Fontaine.

Enfin, on construit depuis quelques années des *turbines mixtes*, à grand rendement, dites turbines américaines (fig. 39). Dans ces moteurs, l'eau entre latéralement, comme dans une turbine centripète et sort à la partie inférieure, comme dans une turbine parallèle. Alors que

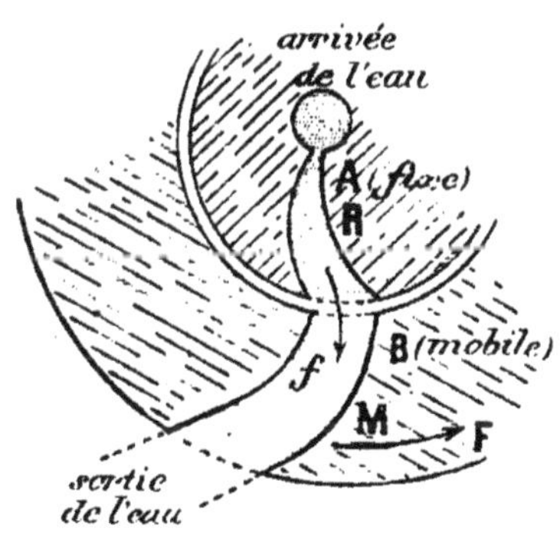

Fig. 38. — Principe d'une turbine radiale centrifuge.

L'eau dirigée par l'aube fixe R arrive en vitesse sur la paroi M et la pousse.

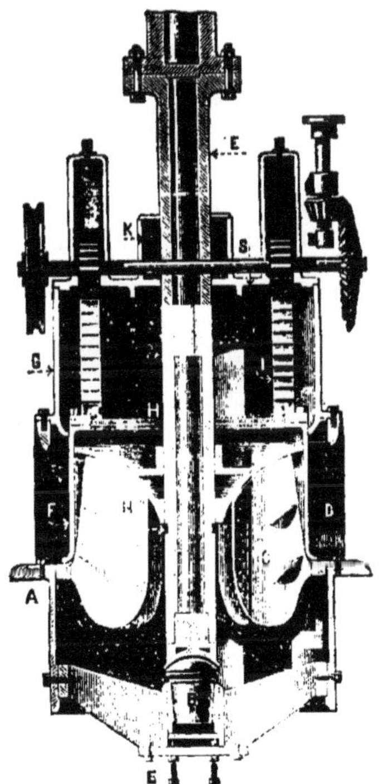

Fig. 39. — Turbine américaine.

(Brault, Teisset et Chapron.)

les turbines simples ne rendent que 70 o/o, les turbines américaines rendent 80 o/o de la force reçue.

43. Mise en marche d'un moulin. — Avant d'ouvrir les vannes du moteur hydraulique, il est nécessaire d'engrainer les meules ou les cylindres. La vitesse est amenée progressivement à sa valeur convenable.

En cas d'arrêt, on opère aussi progressivement. Le blé est arrêté au premier broyeur et les cylindres en sont écartés. Quand la bluterie correspondante a terminé son travail, on procède de même pour le deuxième broyeur, puis pour les engins suivants et on tourne à vide pendant quelques minutes pour décharger les bluteries.

44. La production des moulins de France. — D'après les chiffres publiés par le Ministère du Commerce, nous possédons :

27 800 moulins occupant au moins deux personnes, et 9400 moulins n'occupant qu'une personne, soit 37 200 moulins occupant au moins 65 000 personnes.

Suivant M. Cornu, nos moulins ont à écraser 88 millions de quintaux de blé et 42 millions de quintaux de petites céréales (seigle, orge, maïs et sarrasin), soit un total de 120 millions de quintaux par an.

Si nous comptons 300 jours de travail par an, la quantité journalière à moudre est de 400 000 quintaux, d'où une moyenne de 11 quintaux par moulin.

Or, la statistique nous renseigne sur la capacité de production des grands moulins français :

1	moulin broyant	par jour	2800	quintaux de grain.	
1	—	—	1800	—	
1	—	—	1200	—	
10	—	—	750	—	moyenne, 500 à 1000.
35	—		400	—	— 300 à 500.
50	—	—	260		— 220 à 300.
150	—		200	—	180 à 220.
240	—	—	150	—	— 120 à 180.
350	—	—	100	—	— 80 à 120.
600	—	—	60	—	— 40 à 80.
900	—	—	25	—	— 10 à 40.

Ainsi, 2338 grands moulins peuvent écraser ensemble 200 000 quintaux de grain par jour. Il reste une égale quantité de 200 000 quintaux pour 34 862 petits moulins, soit pour chacun moins de 6 quintaux par jour alors qu'ils produiraient facilement le double.

On peut donc formuler les conclusions suivantes :

1° Les moulins de France pourraient moudre deux fois plus de grain qu'ils n'en reçoivent.

2° Les petits moulins suffiraient à produire la farine consommée en France.

3° Les grands moulins et la moitié des petits rempliraient le même office.

4° La farine consommée en France pourrait être produite en six mois de travail.

En fait, les petits moulins sont de plus en plus abandonnés. Les chutes qui les faisaient tourner pourraient produire de l'électricité ou fournir de l'eau pour les irrigations.

CHAPITRE VI

NETTOYAGE DES BLÉS DE MOUTURE

45. Marche du nettoyage. — Avant d'envoyer le blé aux meules ou aux cylindres, on lui fait subir un ou plusieurs des traitements suivants : *nettoyage à sec; nettoyage à l'eau; préparation à la mouture.*

A. — NETTOYAGE A SEC

Le nettoyage à sec du blé sale est souvent conduit d'après le programme suivant :

Débris a enlever.	Machines employées.
Balles, pailles, graines légères, mottes de terre, poussières.	*Émotteur* *Tarare aspirateur* *Tarare zig-zag.*
Pierres	*Épierreur.*
Graines longues : avoine, orge, seigle, ivraie.	*Trieur à graines longues.*
Petites graines : nielle, vesce, gesse, etc.	*Trieur à graines rondes.*
Poils de l'extrémité du grain	*Épointeuse.*
Poussières adhérentes au grain	*Brosse et tarare.*
Bulbilles d'ail	*Élimineur d'ail.*
Parcelles de fer ou d'acier	*Appareil magnétique.*

46. Distributeur à blé sale. — Le blé acheté aux cultivateurs est logé dans de grands coffres en bois dont le fond est disposé en trémie : ce sont les *boisseaux à blé.*

Pour distribuer le grain aux appareils de nettoyage, on place à la base de la trémie, un long rouleau cannelé qui tourne sur lui-même (fig. 40). Le blé se loge dans les rainures pour être ensuite déversé dans un conduit de sortie.

Une planchette à coulisse permet d'ouvrir plus ou moins ou de fermer la trémie du boisseau.

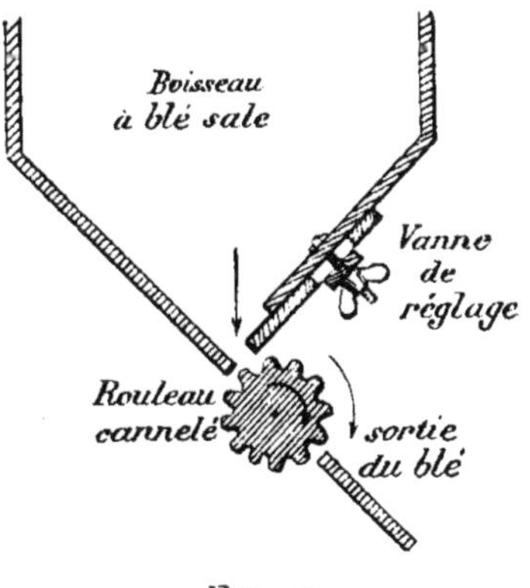

Fig. 40.
Distributeur a blé sale.

47. Emotteur. — Le blé brut subit un premier nettoyage

dans l'émotteur. Cet appareil comprend trois cylindres concentriques, de longueurs différentes, inclinés et animés d'un mouvement lent de rotation (fig. 41).

Le blé arrive au centre de l'appareil et tombe sur un tamis

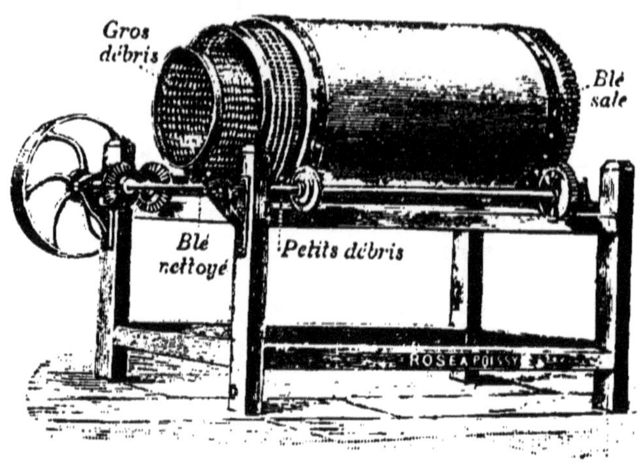

FIG. 41. — ÉMOTTEUR.

à larges trous qui retient seulement les gros débris : mottes de terre, pailles, ficelles, etc.

Le grain est reçu par un tamis à trous très fins qui laisse

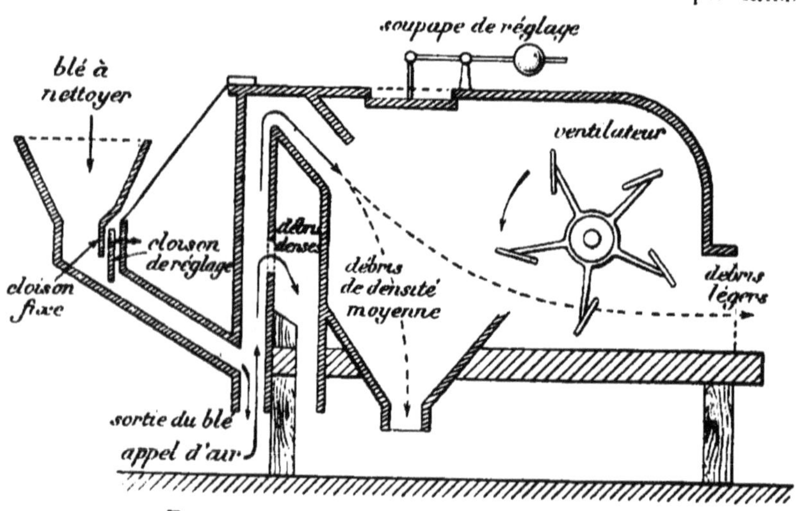

FIG. 42. — COUPE D'UN TARARE ASPIRATEUR.

passer seulement les petits débris : sable, graines de coquelicot, de ravenelle, etc.

48. Tarare aspirateur. — Le blé tombe en couche mince dans un conduit où un très fort courant d'air remonte avec lui les débris moins denses que le grain (fig. 42).

Suivant leur densité, plus ou moins grande, les débris aspirés par le ventilateur sont entraînés plus ou moins loin.

Quand l'aspiration devient trop forte, une soupape, réglée

Fig. 43. — Trieur de pierres.

MNO, *table supportée par des lames flexibles* R ; T, *trémie* ; P, P', P'', *saillies triangulaires* ; K, *manivelle* ; B, *bielle*.

par un contrepoids, donne une seconde entrée d'air : la vitesse du courant à la première entrée est ainsi diminuée.

49. Tarare zig-zag. — Dans cet appareil, le blé descend sur plusieurs tamis superposés, inclinés en sens contraire, et animés d'un mouvement de va-et-vient. Sur ces cribles, le grain abandonne les morceaux de bois, les ficelles, les mottes de terre. Une aspiration enlève les balles à l'entrée du blé; une autre, à la sortie, enlève les poussières détachées pendant le criblage.

50. Epierreur. — Cet appareil est formé d'une table MNO légèrement inclinée, montée sur des pieds flexibles ou articulés RR. La table est pourvue d'un rebord avec fentes de sortie. Elle porte, à sa surface, des saillies triangulaires P, P', P'', disposées en chicane (fig. 43).

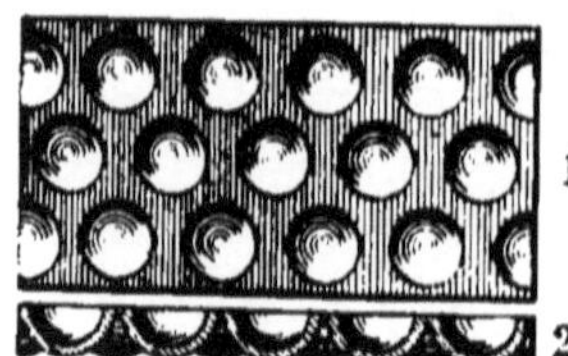

Fig. 44.
Alvéoles d'un trieur
1, *vues de face*; 2, *en coupe*.

Par une bielle B, la table reçoit un mouvement de cent oscillations à la minute. Les grains secoués se superposent par ordre de densité. Les parties légères passent à la surface. Les bons grains, élastiques, rebondissent comme les billes sur les bandes d'un billard et remontent la faible pente de la table. Ils sortent en MN. Les pierres, non élastiques, descendent peu à peu la table et tombent en V. Cette machine fournit un très bon travail.

51. Trieurs à graines longues. — C'est un cylindre de tôle de 3 à 4 mètres de long sur 0 m. 60 de diamètre, légèrement incliné sur l'horizontale et tournant à 25 tours par minute.

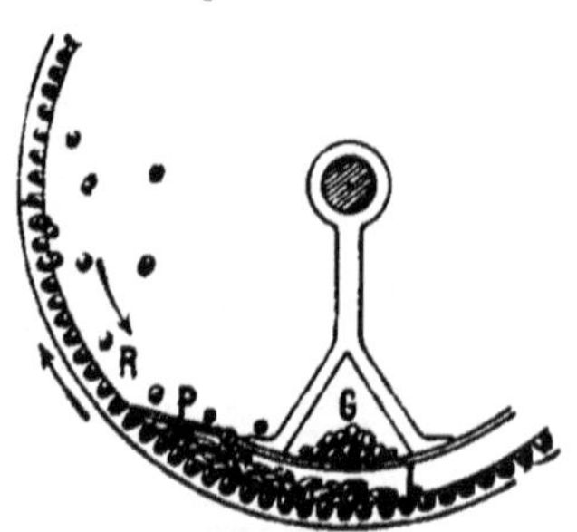

Fig. 45.
Principe d'un trieur a graines.

Les graines rondes R, logées dans les alvéoles, tombent sur la planchette P et descendent dans la gouttière G. Les graines longues L descendent la ligne inférieure du cylindre.

Sur la face interne de la tôle sont creusées des alvéoles hémisphériques (fig. 44) : les graines longues ne peuvent y entrer tandis que les grains de blé s'y logent facilement (voir légende fig. 45). Si la tôle tourne, les grains de blé la suivent, puis, sous l'action de leur poids, ils retombent sur la planchette P, et descendent dans la gouttière G. Les graines longues descendent peu à peu la ligne inférieure du cylindre.

Un frappeur automatique (fig. 46), comprenant un levier

coudé. *a o b*, soulevé par le doigt *d*, facilite la sortie des grains logés dans les alvéoles.

52. Trieur à graines rondes et trieurs mixtes. — Le trieur à graines rondes est exactement construit comme le trieur à graines longues. Seulement, les alvéoles, de diamètre plus petit, n'admettent que les graines rondes (gaillet, nielle, etc.) qui montent dans la gouttière tandis que les grains de blé descendent la pente du trieur.

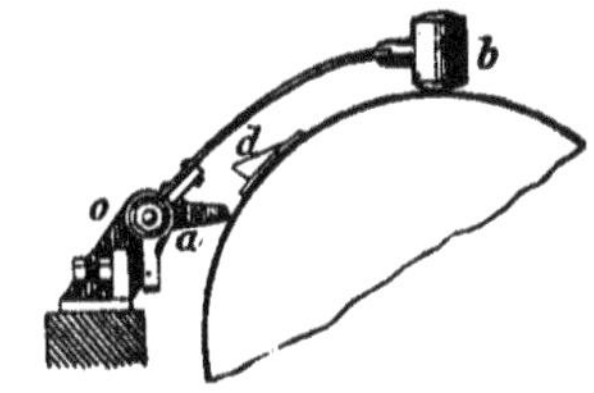

FIG. 46. FRAPPEUR AUTOMATIQUE D'UN TRIEUR A GRAINES.

Les *trieurs mixtes* ou *trieurs agricoles* (Marot, Clert, Presson, etc.) comprennent, sur deux bâtis juxtaposés ou sur le même bâti (fig. 47) :

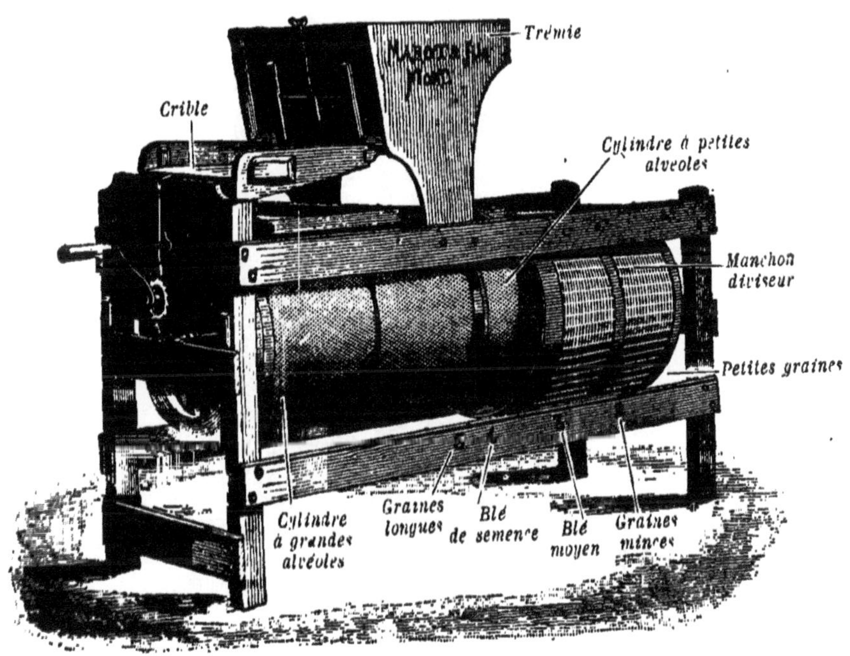

FIG. 47. — TRIEUR AGRICOLE.

1° Une trémie, et un crible qui enlève les pailles, ficelles, pierres, etc.;

2° Un premier cylindre, à grandes alvéoles, qui sépare les graines longues, avoine et orge;

3° Un second cylindre, à petites alvéoles, faisant suite au premier et reprenant la semence pour séparer les graines rondes (gaillet, nielle, etc.);

4° Un manchon diviseur (voir fig. 47), incliné en sens inverse des cylindres, qui sépare, par simple tamisage, les graines

FIG. 48. — COLONNE ÉPOINTEUSE POUR ENLEVER LA BARBE DE LA POINTE DU GRAIN DE BLÉ.

T', *cylindre en tôle;* T, *cylindre en toile rugueuse;* A, *arbre* L, *lames en hélice;* V, *ventilateur.*

minces (seigle, ivraie), le blé moyen, et le gros blé ou froment de semence (en 2, 3, 4).

53. Épointeuse. — Dans un cylindre plein T' (fig. 48) se trouve un autre cylindre T en toile d'acier rugueuse, à fils carrés. L'arbre A, portant des lames en hélice et des entonnoirs, tourne à 500 tours à la minute. Le blé qui arrive en R, au centre de la colonne, est frappé, projeté par les lames et les entonnoirs, débarrassé de ses poils et évacué sur la droite de la figure, tandis qu'un violent courant d'air, suivant OV, provoqué par le ventilateur V, entraîne les poussières. L'action de l'épointeuse est souvent trop brutale. Des pellicules d'enveloppes sont soulevées qui rendent le grain poussiéreux et piquent la farine.

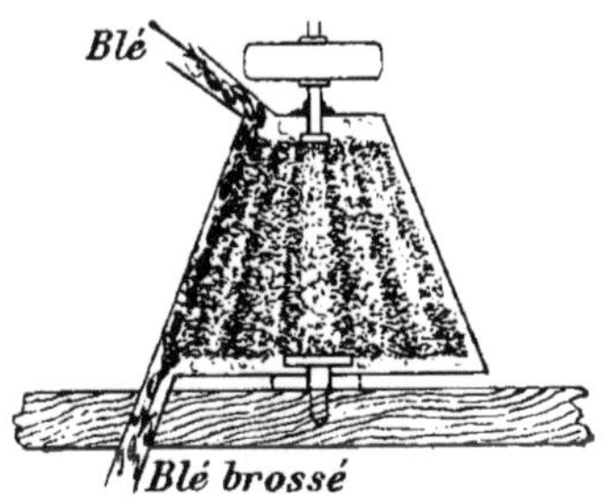

Fig. 49. — Brosse a blé.

54. Brosse à blé. — L'appareil (fig. 49) est formé d'un tronc de cône, garni de brosses, qui tourne dans une enveloppe de même forme, également garnie de brosses. Les grains passent dans l'intervalle. Un ventilateur, ou un tarare, enlève les poussières à la sortie.

Il existe des épointeuses et des brosses à axe horizontal. Ces machines ont plus de stabilité que celles à axe vertical.

55. Élimineur d'ail. — Au-dessous d'une trémie (fig. 50), deux cylindres tournent en sens inverse, l'un garni de caoutchouc, l'autre hérissé de pointes fines. Les graines d'ail, plus molles que le blé, sont piquées, puis détachées par une brosse fixe, B.

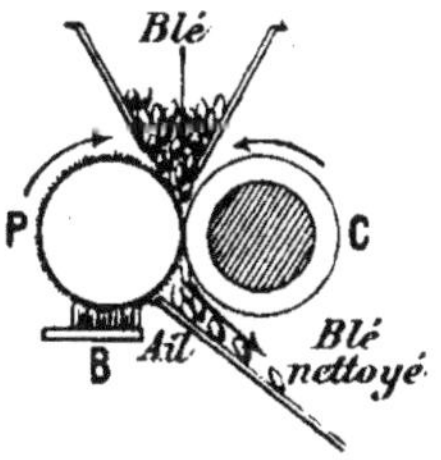

Fig. 50. — Principe d'un élimineur d'ail.

Les pointes fines du cylindre P piquent les graines d'ail plus molles que le grain de blé.

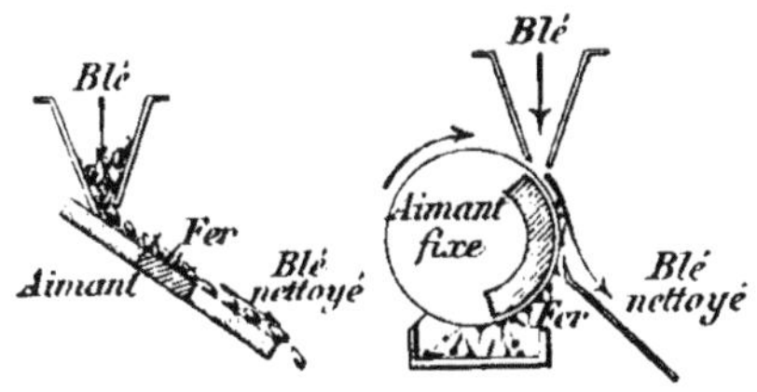

Fig. 51. — Appareils magnétiques a tablette et a tambour.

56. Appareil magnétique. — Le blé passe en couche mince sur une tablette inclinée (fig. 51) portant un barreau aimanté.

Les objets en fer ou en acier (clous, pointes, aiguilles, bouts de fils de fer) sont retenus par l'aimant.

Autre appareil. — Dans le tambour magnétique (fig. 51) un cylindre de cuivre tourne très près d'un aimant intérieur fixe. Les clous, attirés et accolés au cylindre, tombent dès qu'ils sont sortis du champ de l'aimant.

B. — NETTOYAGE A L'EAU

57. Applications du nettoyage à l'eau. — Le lavage des blés n'est appliqué que dans un petit nombre de minoteries. Il convient surtout pour les blés durs, les blés cariés, les blés salis par la terre, et pour les blés qui ont contracté une mauvaise odeur en silo ou dans la cale des navires.

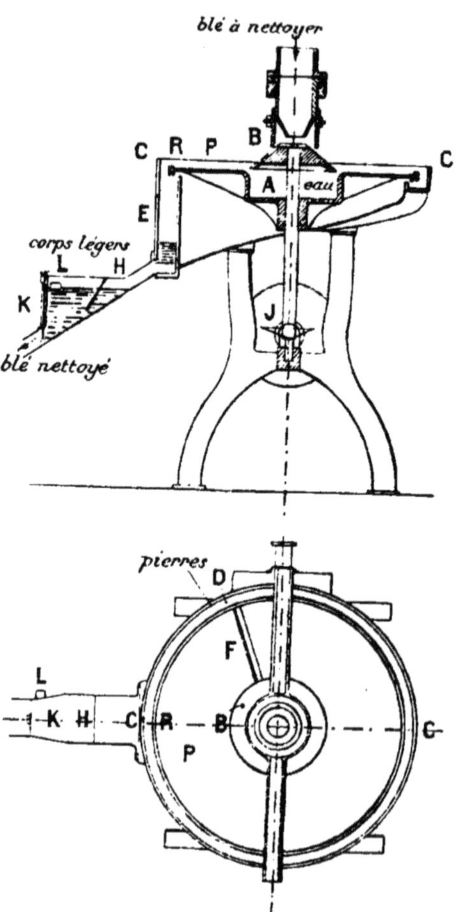

Fig. 52. — Cuvier laveur épierreur (Construction Morély).

Le blé tombe sur le cône B, s'étale en P sur une nappe d'eau et sort en RE. Les corps légers remontent en L. Une raclette F (en plan) arrête les pierres qui tombent en D.

La marche du nettoyage à l'eau est souvent organisée de la façon suivante :

Émotteur ;
Tarare aspirateur ;
Zigzag ;
Trieurs ;
Cuvier laveur-épierreur ;
Colonne sécheuse ;
Ventilateur.

Les trois premiers appareils ont déjà été décrits dans l'étude du nettoyage à sec.

58. Machine à laver les blés. — La machine Dantin (construction Morély), comprend un cuvier laveur, une colonne sécheuse et un ventilateur.

Le cuvier (fig. 52)

fonctionne de la façon suivante. Un jeu d'engrenages, J, fait tourner un plateau, P, et un cône, B.

Un courant d'eau arrive en A, dans une cuvette; il couvre d'une nappe mince le plateau P et s'échappe en RE.

Le grain est distribué par le cône B; il sort horizontalement, suivant une tangente à la nappe d'eau. Le blé est plus lourd que l'eau; néanmoins, quand on le pose doucement, il surnage pendant un certain temps. Or, dans le cuvier, le grain amené doucement peut flotter jusqu'au rebord R, puis tomber dans le canal circulaire C et dans le conduit E. Il en est de même des corps plus légers que le blé.

Au contraire, les pierres s'enfoncent rapidement et se déposent sur le plateau P.

Une raclette F (voir le plan, fig. 42). placée très près du plateau, arrête les corps immergés qui sont déversés dans un canal spécial, D.

L'eau, le blé et les corps légers descendent dans une boîte composée de deux compartiments H et K. Le compartiment H arrête les remous du liquide; les corps légers montent dans le compartiment K et sortent par le déversoir L.

Dans la machine à laver les blés durs, de Cardailhac et Demaux, le blé descend d'un émotteur E (fig. 52 *bis*) dans une cuve tronconique C, munie d'un agitateur, et recevant, à la base, un courant d'eau sous pression.

Les balles surnagent, tandis que le blé et les corps lourds sortent sur une claie M. Des lames en chicane, placées sur cette claie, arrêtent les pierres, alors que les grains de blé sont entraînés par le courant d'eau.

Le blé lavé est égoutté, essoré, dans une *colonne sécheuse*, formée d'un cylindre vertical, en tôle pleine, dans lequel des palettes disposées en hélice remontent le blé comme dans un escalier tournant.

Enfin, le séchage est encore poussé plus loin en faisant descendre le blé qui sort de la sécheuse dans une seconde colonne, ou *ventilateur*, munie de simples lames de tôle.

C. — PRÉPARATION A LA MOUTURE

59. Opérations diverses. — Plusieurs opérations, telles que le mélange, le mouillage et le fendage des blés, peuvent rendra le grain plus apte à subir avantageusement le travail de la mouture.

60. Pesage — En outre, dans beaucoup de grands moulins, le blé à écraser passe dans une *bascule automatique* qui enregistre les poids sur un compteur. Il est ainsi facile de connaître, pour un temps donné, le poids de blé travaillé et le poids correspondant des produits obtenus.

61. Mélange des blés. — Pour obtenir une farine commer-

FIG. 52 *bis*. — MACHINE A LAVER ET A SÉCHER LES BLÉS DURS.

ciale d'un type uniforme, le meunier est souvent conduit à mélanger des grains de qualités différentes.

L'attaque par les engins de mouture n'est régulière que si les grains ont la même grosseur et la même résistance; il faut donc éviter le mélange des petits grains avec les gros, le mélange des blés durs avec les blés tendres.

Pour séparer des lots de grains de grosseur uniforme, le blé déjà nettoyé est parfois passé dans un crible cylindrique rotatif appelé ***calibreur.***

62. Mouillage des blés. — Pour faciliter la mouture de certains blés durs on les fait gonfler en les mouillant à l'aide d'un appareil automatique. Le blé tombe sur les ailettes d'une roue et la fait tourner. C'est un petit moteur à blé, comparable à une roue hydraulique.

L'arbre de la roue entraîne un volant muni de godets à sa circonférence (fig. 53). Ces godets puisent de l'eau et l'envoient sur le blé sorti de la roue. Plus il passe de blé, plus la roue tourne vite et plus les godets déversent d'eau.

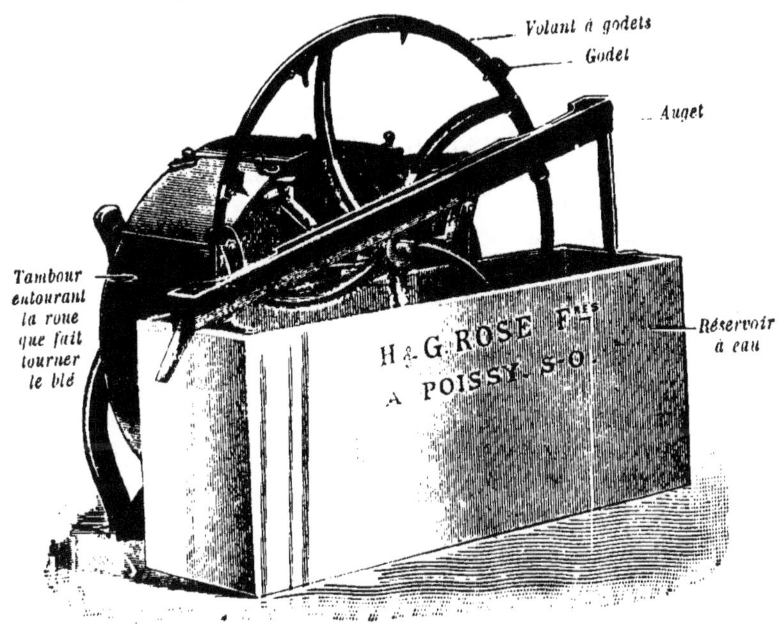

Fig. 53. — Mouilleur automatique.

Avec cet appareil simple, on peut faire varier le mouillage des blés de 1 à 15 pour 100. L'eau rend le son plus élastique, moins friable ; elle facilite le travail de mouture. Les grains mouillés sont emportés par une vis sans fin. Ils sont mis à ressuyer, en tas ou en sacs, pendant trois ou quatre heures avant la mouture.

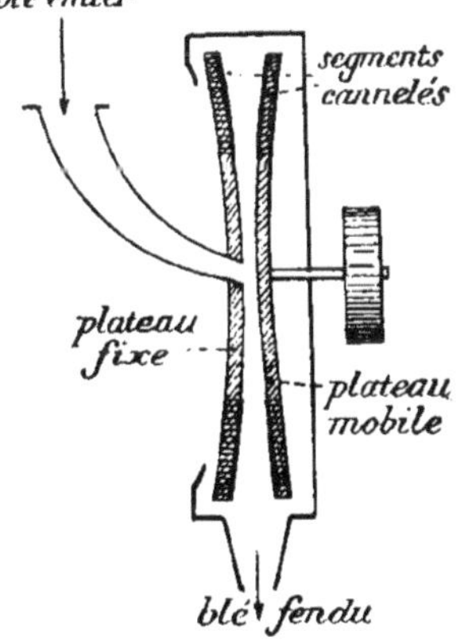

Fig. 54.
Fendeur-dégermeur.

63. Fendage - dégermage. — Avant de soumettre le grain de blé à l'action des meules ou des cylindres, il est bon de le fendre suivant le sillon pour détacher la poussière logée dans le repli.

Le *fendeur-dégermeur* de Rose (fig. 54) se compose de deux plateaux métalliques verticaux, légèrement coniques et cannelés sur leur pourtour.

L'un des plateaux reste fixe pendant le travail, mais il peut être éloigné ou rapproché du plateau mobile qui tourne à 200 ou 400 tours par minutes.

Le grain arrive entre les deux plateaux. Frappé par les arêtes vives des cannelures, il est fendu dans le sens de la longueur. Le germe est souvent détaché.

Les débris et fragments sont envoyés sur un tamis (bluterie) qui sépare de la *farine noire* et des morceaux de grain, seuls envoyés à la mouture.

La farine noire est incorporée aux remoulages.

Même après un calibrage soigné, le fendage des grains dans le sens de la longueur et le détachage des germes qui en résulte ne sont jamais parfaits.

Il y a toujours des grains cassés, et des parcelles farineuses se mélangent aux poussières éliminées par tamisage sur une toile métallique.

Il faut éviter de brosser les grains fendus. Énergique, le brossage enlève de la farine ; doux, il étale des poussières sur les portions d'amandes mises à nu.

Le fendage est souvent remplacé soit par un *comprimage* des grains entre deux cylindres lisses animés de vitesses très légèrement différentes, soit par un *broyage grossier* entre deux cylindres cannelés (pages 59 et 60).

DEUXIÈME PARTIE

LA FARINE

CHAPITRE VII

PRATIQUE DE LA MOUTURE

64. Composition d'un tournant de meules. — L'ensemble de deux meules et de leur bâti prend le nom de *tournant*. L'une des meules est fixée sur le plancher du premier étage, c'est la *gisante*; l'autre tourne au-dessus de la gisante à raison de 100 tours à la minute, c'est la *courante* (fig. 55).

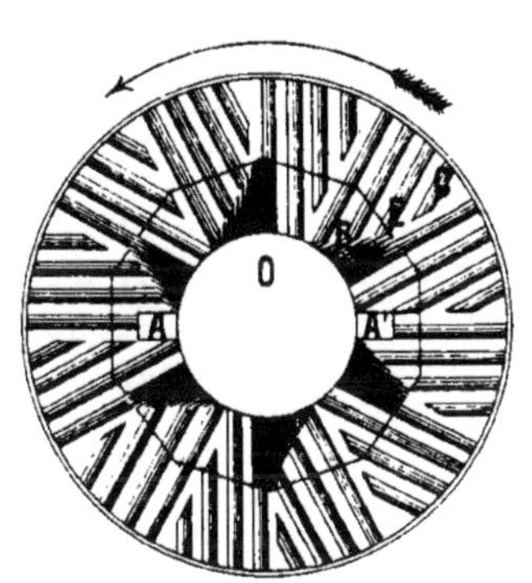

Fig. 55. — Meule courante.

O, *œillard*; B, *boitard*; E, *entrepied*; C, *couronne*; AA', *emplacement de l'anille*.

Chaque meule est formée de pavés de silex meulier, réunis par du ciment, et disposés en trois zones concentriques : le *cœur* ou *boitard* B, l'*entrepied* E, la *couronne* ou *feuillère* C.

Les pierres du boitard sont moins dures et présentent moins de petites cavités ou *éveillures* que celles de la couronne.

Au centre de chaque meule, un trou, nommé *œillard*, permet le passage de l'arbre ou *gros fer* qui porte la courante. La pointe du gros fer s'engage dans une barre ou *anille* (fig. 52) qui traverse l'œillard de la courante.

La surface de chaque meule présente de 12 à 18 sillons tangents à un cercle concentrique à l'œillard. Ce sont les *maîtres rayons*, entre lesquels sont tracées des rainures, parallèles aux maîtres rayons, et plus courtes qu'eux : on les nomme *petits rayons*. Quand les meules sont en place, c'est-à-dire superposées, les rayons se croisent et agissent à la façon des lames de ciseaux.

Chaque rayon (fig. 56) comprend un *portant* horizontal *bd*, un *pied droit* vertical *bc* et une *surface rentrante ca*. Le portant présente des *rhabillures* en lignes ou fines stries semblables à celles d'une lime à gros grain. L'ouvrier pique les rhabillures avec des marteaux particuliers (fig. 50) en acier trempé très dur.

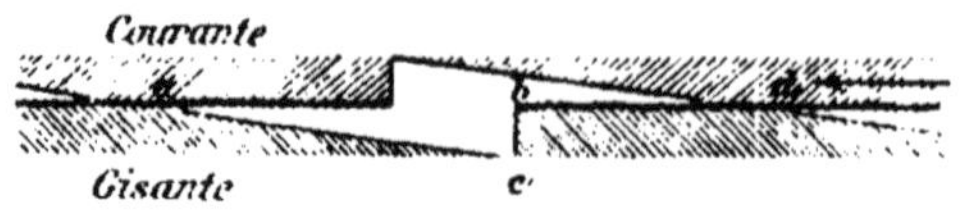

Fig. 56.
Coupe des rayons de la meule gisante.
bd, *portant*; bc, *pied droit*; ca, *surface rentrante*.

Pour que la meule courante soit bien équilibrée, il est nécessaire d'employer des carreaux de même épaisseur, de bien centrer l'anille et d'utiliser un gros fer suffisamment rigide. En plaçant des poids convenables sur les points les plus élevés de la meule courante, on peut parfaire son horizontalité. Puis, par tâtonnement, et, en déplaçant suivant les rayons correspondants, les poids déjà posés, on arrive à l'équilibrage pendant la marche.

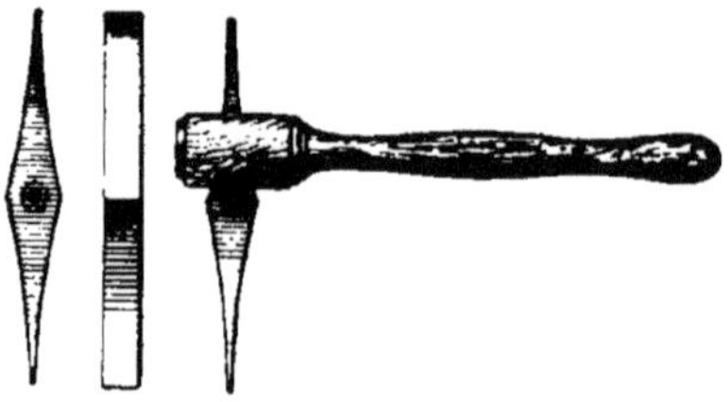

Fig. 57. — Marteau a rhabiller les meules.

Le gros fer peut d'ailleurs être soulevé ou descendu pour produire de la *mouture haute* ou de la mouture *basse*. La base du fer de meule tourne dans le gobelet d'une crapraudine que l'on peut déplacer verticalement en agissant sur trois boulons de réglage tels que B, B' (fig. 58).

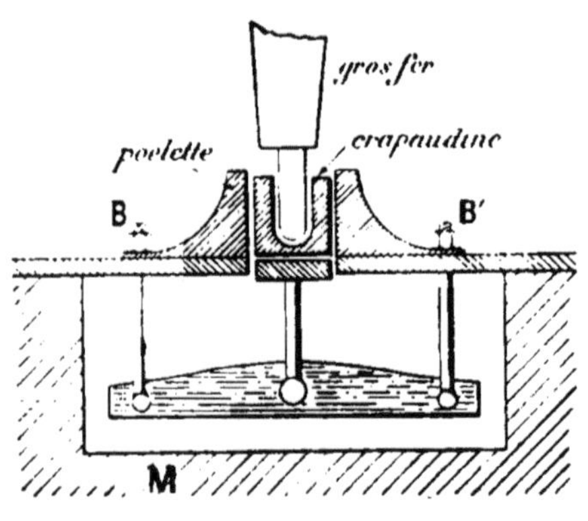

Fig. 58.
Crapaudine supportant le gros fer.
A l'aide de boulons B B'*, on peut déplacer verticalement la crapaudine et le gros fer*; M, *maçonnerie*.

Les meules les plus employées ont 1 m. 50 de diamètre et 0 m. 25 à 0 m. 30 d'épaisseur. Le rayon de 0 m. 75 se décompose comme suit :

Œillard	0m21
Boitard et entrepied .	0m29
Feuillère	0m25

La meule courante présente à son centre une

entrée, ou évasement, de 3 millimètres. Les rayons ont une largeur de 30 millimètres, une profondeur de 5 millimètres et le portant présente 28 à 32 lignes de rhabillures sur la largeur de 30 millimètres.

Les meules les plus estimées sont celles de La Ferté-sous-Jouarre (Seine-et-Marne), d'Epernay (Marne), d'Epernon (Eure-et-Loir), de Lésigny (Vienne) et de Bergerac (Dordogne).

65. Travail des meules. — Le grain est versé dans une trémie L. Il tombe dans un auget *a* (fig. 59), secoué par le taquet *f* qui produit le tictac du moulin.

La courante est légèrement concave dans sa région centrale,

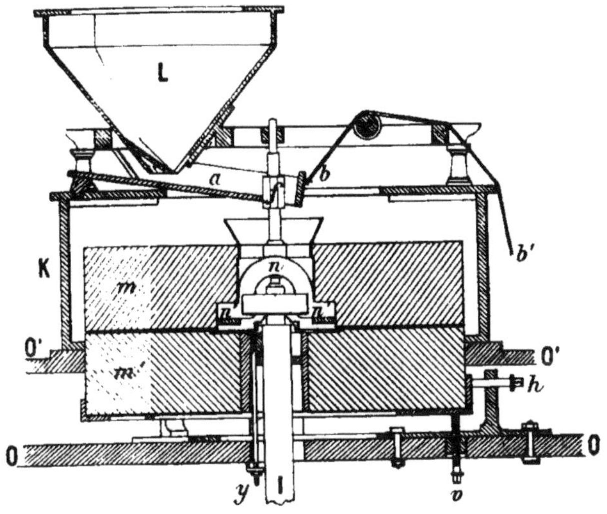

FIG. 59. — COMPOSITION D'UN TOURNANT DE MEULES.

m, *courante*; m', *gisante*; I, *gros fer*; n', n, n', *anille*; L, *trémie*; a, *auget*; f, *ailettes secouant l'auget*; b, r, b', *corde de guindage de l'auget*; K, *archure*; h, v, y, *vis de réglage de la gisante*; O', *parquet du premier étage* O, *plafond du rez-de-chaussée*.

et les meules ne sont parallèles que sur 0 m. 25 de leur pourtour. On comprend ainsi comment, entraîné par la force centrifuge, le grain est cassé, coupé, aplati de plus en plus, à mesure qu'il s'approche de la circonférence.

Le produit brut de la mouture, ou *boulange*, tombe dans une enveloppe de bois ou *archure* K qui entoure les meules, puis sort par de larges conduits.

Un tournant de 1 m. 40 peut écraser 100 à 120 kilogrammes de blé par heure. On compte 5 à 7 chevaux de force par tournant. Par 100 kilogrammes de blé, les meules rendent 65 à

68 kilogrammes de farine première. Le rendement en volume est de 200 mesures de boulange pour 100 mesures de blé.

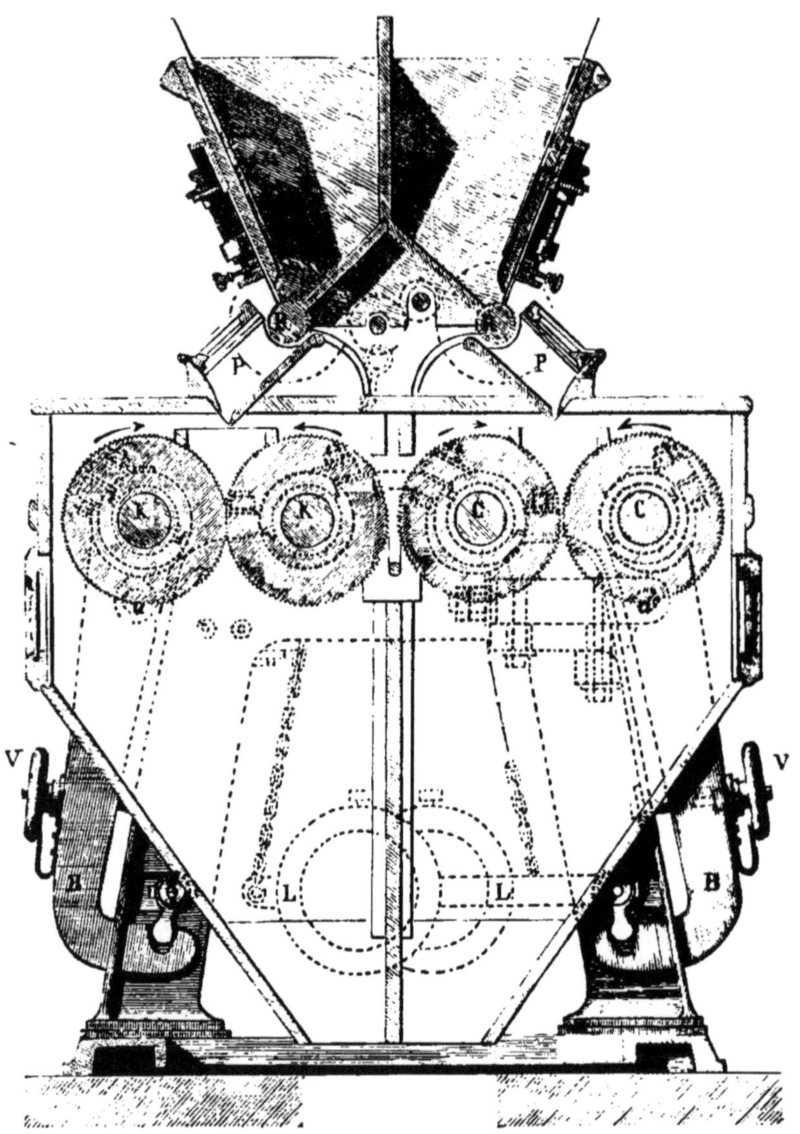

Fig. 60. — Coupe d'un broyeur a 4 cylindres.

Les gruaux distribués par les rouleaux RR tombent en PP et sont écrasés entre les cylindres KK' ou CC'. Le cylindre C est fixe; le cylindre C' peut être déplacé au moyen du balancier B et du volant V. Quand C' s'est écarté sous l'action d'un corps dur, il est ramené à sa position première par le contre-poids L.

66. Les broyeurs à cylindres. — La mouture par broyeurs à cylindres, dite encore *mouture graduelle* ou *mouture hongroise*, a été imaginée en Autriche vers 1872 et employée en France après l'Exposition de 1878.

En principe :

1° Le grain passe, cinq ou six fois, entre des *cylindres* de plus en plus rapprochés et à cannelures de plus en plus fines;

2° Le produit de chaque passage est envoyé dans un tamis à gaze de soie, ou *bluterie* :

3° La bluterie sépare de la *farine* et des *refus*. Les refus passent entre de *nouveaux cylindres*.

On donne le nom de *broyeur* à l'ensemble des cylindres, deux ou quatre, montés sur le même bâti (fig. 60).

Un broyeur comprend au moins une trémie d'alimentation, deux cylindres, un appareil de réglage et des organes de commande.

La *trémie d'alimentation* a la forme d'un trapèze. Elle porte à sa base un rouleau distributeur R (fig. 53) qui fait tomber en nappe uniforme les produits à écraser.

Les *cylindres* sont en fonte trempée. L'axe, en acier, est enfoncé par forte pression. Les dimensions des cylindres sont les suivantes :

Longueur	0m30 à 0m70
Diamètre.	0m22 à 0m25
Écartement des cannelures en hélice. . . .	0m008 à 0m001

Profondeur des cannelures : la moitié de l'écartement.

La cannelure Beall (fig. 61) est la plus employée.

L'un des cylindres, sur paliers fixes, est animé d'un mouvement rapide : l'autre, à mouvement lent, est monté sur un balancier.

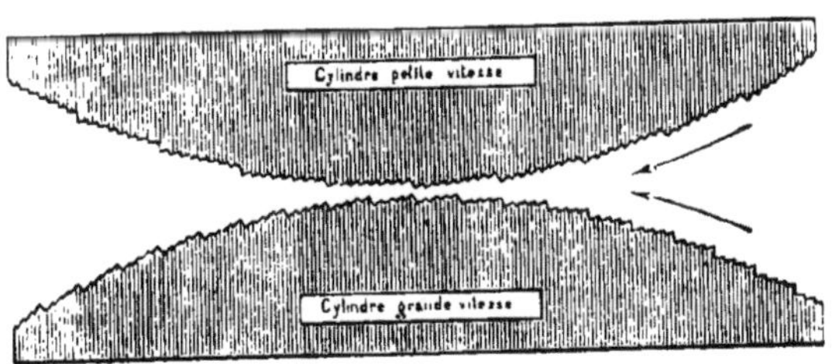

Fig. 61. — Cannelure Beall de deux cylindres broyeurs.

En moyenne, l'un des cylindres tourne trois fois moins vite que l'autre. Suivant les constructeurs, le lent est placé à côté, en dessous ou au-dessus du rapide (fig. 62).

C'est à l'aide d'engrenages de diamètre convenable, que l'on peut donner aux deux cylindres des vitesses différentes, de sorte qu'il se produit des glissements ou froissements sur la ligne de contact. Les deux cylindres sont parfaitement parallèles.

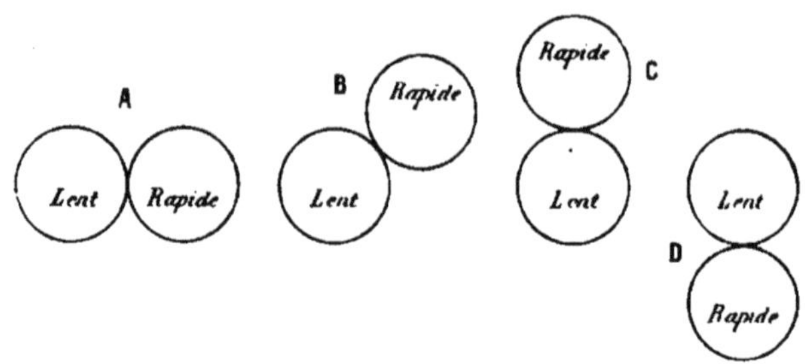

FIG. 62. — DISPOSITION RELATIVE DES CYLINDRES BROYEURS.
A, *construction Brault, Teisset et Chapron*; B, *construction Daverio*; C, *construction Bühler*; D, *construction Seck*.

Ils peuvent se déplacer sur leurs paliers, ce qui permet de régler la finesse du broyage. Ils s'écartent pour laisser passer les corps durs et reviennent ensuite à leur position. Ils peuvent tourner à vide.

Sur la droite de la figure 60, le cylindre lent C' est monté sur un balancier B que l'on peut incliner à l'aide du volant V. Quant C' s'est écarté, sous l'action d'un corps dur, il est ramené à sa position première par le contrepoids L.

Les organes de commande sont formés d'engrenages extérieurs qui baignent dans l'huile et qui sont entourés d'un carter ou boîte en tôle.

Dans les moulins qui ne possèdent pas de fendeur-dégermeur, le premier broyeur fend le grain. Un blutage sépare les poussières ou *farine noire*, les *germes*, les *fragments d'amande*. Ces derniers seuls sont renvoyés au broyage.

Les quatre premiers broyages alternent avec les quatre premiers blutages. Ils donnent le plus de farine. Le cinquième broyage a lieu entre des cylindres à très fines cannelures. C'est le grattage ou *curage des sons*.

Quand les produits de mouture ont été épurés et classés, les *gruaux* ou fragments d'amande subissent un sixième passage dans un *convertisseur*, à cylindres lisses. Trois cylindres tangents, de diamètres différents, font le travail de quatre. (Voir légende de la fig. 63.)

Sur les lignes de tangence des cylindres, les gruaux sont écrasés et laminés. Avant d'être envoyées aux bluteries, les plaquettes sont ensuite divisées par un *détacheur*, ou brosse à longs fils flexibles.

67. Comparaison entre la mouture par meules et la mouture par cylindres. — *Avantages des cylindres*. — Dans la

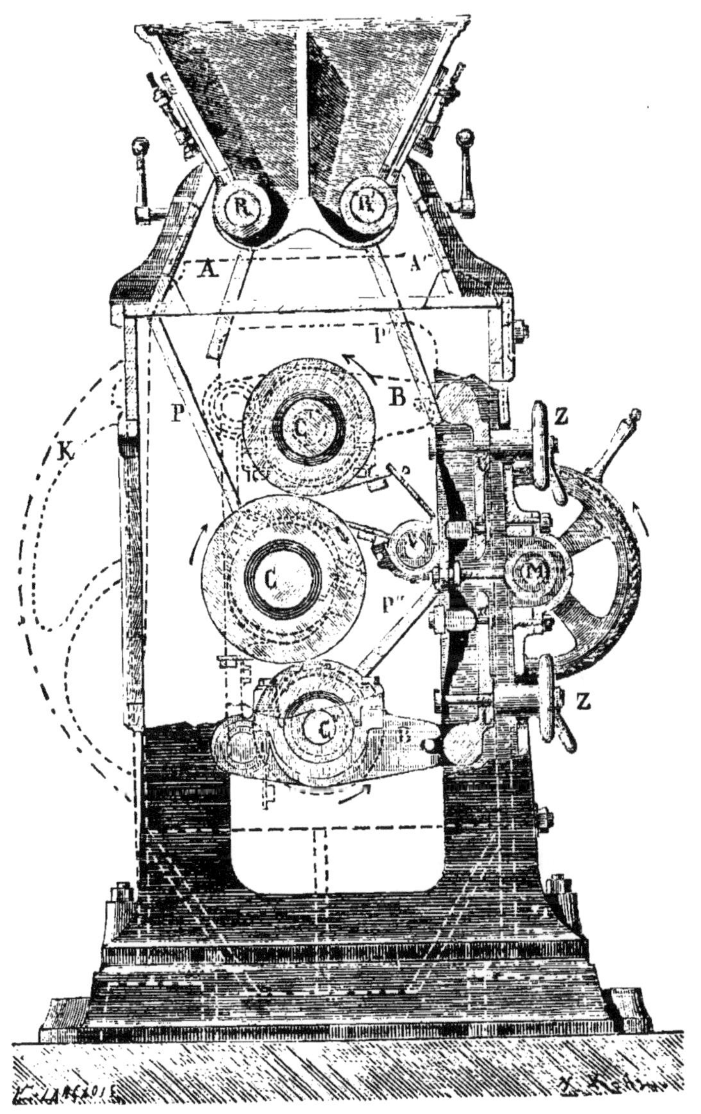

FIG. 63. — COUPE D'UN CONVERTISSEUR.

A gauche, les gruaux amenés suivant RAP *sont écrasés entre* C' *et* C; *à droite, les gruaux amenés suivant* R'A'P'P' *sont écrasés entre* C *et* C''; K *est le volant extérieur de commande;* Z,Z,S, *sont des volants de réglage.*

mouture par meules, la farine chauffe, perd de son arome, présente un gluten un peu coagulé et donne du pain qui lève moins bien que celui obtenu avec la farine de cylindres. Il est cependant possible d'éviter l'échauffement de la farine en réalisant la mouture par trois ou quatre passages entre des meules de plus en plus rapprochées et à rhabillures de plus en plus fines.

Les meules fournissent des produits moins nombreux et plus homogènes que ceux des cylindres. En moyenne, les rendements sont les suivants :

Avec les meules

Farine première — Mouture du blé	46	66	75
Farine première — Remouture des gruaux (1 ou 2 fois)	20		
Farine deuxième	4		
Farine troisième	3		
Farine bise	2		
Sons et issues			23
Déchets, pertes et évaporation			2
Total			100

Avec les cylindres

Farine noire (envoyée aux issues)	1		75
Farine blanche — de broyage	15	66	
Farine blanche — de convertissage	51		
Farines bises (broyage, convertissage et brosse)	8		
Sons et issues			23
Déchets, pertes et évaporation			2
Total			100

Dans la mouture par meules comme dans la mouture par cylindres, on obtient environ 23 pour 100 de sons et issues qui se répartissent comme suit :

Remoulage	1
Recoupettes	2
Petit son	2
Moyen son	3
Gros son	15
Total	23

Le rendement en farine fleur ou farine première est plus élevé avec les cylindres (70 à 72 pour 100) qu'avec les meules (68 pour 100).

La farine de cylindres est plus blanche que celle de meules et se vend 2 à 3 francs de plus par 100 kilogrammes.

Avec les cylindres, on fend le grain pour enlever les poussières du sillon et les germes qui nuisent à la panification. Il est vrai que l'on pourrait utiliser un fendeur-dégermeur dans les moulins à meules.

Avantages des meules. — Tandis que les meules peuvent écraser du blé très sec, il est souvent nécessaire de mouiller le blé envoyé aux cylindres.

Les meules ne compriment pas la farine en galettes comme les convertisseurs. Aussi, dans plusieurs moulins à cylindres, le broyage des gruaux blancs est-il effectué par une paire de meules qui débite davantage et donne de la farine plus affleurée que les convertisseurs. Mais l'action des meules est brutale, et, si on leur donne des gruaux gris, elles réduisent le tout en farine bise.

Les cylindres demandent un peu plus de force que les meules. Par cheval-vapeur et par heure, on réduit en farine 18 kilogrammes de blé avec les meules et 16 kilogrammes avec les cylindres. Six paires de cylindres font à peu près le travail de cinq paires de meules.

A taux d'extraction égal, les farines de meules sont moins blanches, mais comme elles renferment plus de particules de germes et d'écorce elles contiennent aussi plus de phosphates et de matières grasses que les farines de cylindres[1].

Avec un taux d'extraction modéré, 62 à 65 pour 100 par exemple, la supériorité reste aux farines de meules dont le pain est plus sapide et plus digestible. Avec un taux d'extraction élevé, 70 pour 100 par exemple, le pain de cylindre reste agréable; celui de meules, renfermant des débris de son, par suite de l'action violente du procédé de broyage, devient poisseux.

En raison de leur rendement élevé en farine fleur, les cylindres sont adoptés par toutes les grandes minoteries. Cependant, en France, les moulins à meules sont encore les plus nombreux.

68. Moulins agricoles et moulins coloniaux. — A côté des grandes minoteries modernes et des anciens moulins à meules, il convient de faire une place aux moulins agricoles et coloniaux. Ces appareils simplifiés ne peuvent pas, évidemment, donner des produits aussi beaux que ceux des grands moulins, mais la farine qu'ils fournissent permet cependant de préparer un pain de bonne qualité.

Dans les colonies, dans les pays de montagne (Vosges, Alpes, Pyrénées, etc.), en un mot, dans toutes les régions où les moyens de communication rendent difficile l'approvisionnement en farine, les moulins de campagne, mus à bras ou à moteur,

---

1. Voir plus loin le Tableau d'analyses de la farine, des germes et du son.

peuvent rendre de grands services. Les modèles de ces machines sont nombreux aujourd'hui :

Le moulin *Bajac*;

Les moulins de campagne et coloniaux de la *Société générale Meulière*;

Les moulins « Excelsior » *Krupp*;

Les moulins *Shweitzer*, etc.

Moulin Bajac. — Le moulin Bajac (fig. 64) se compose de

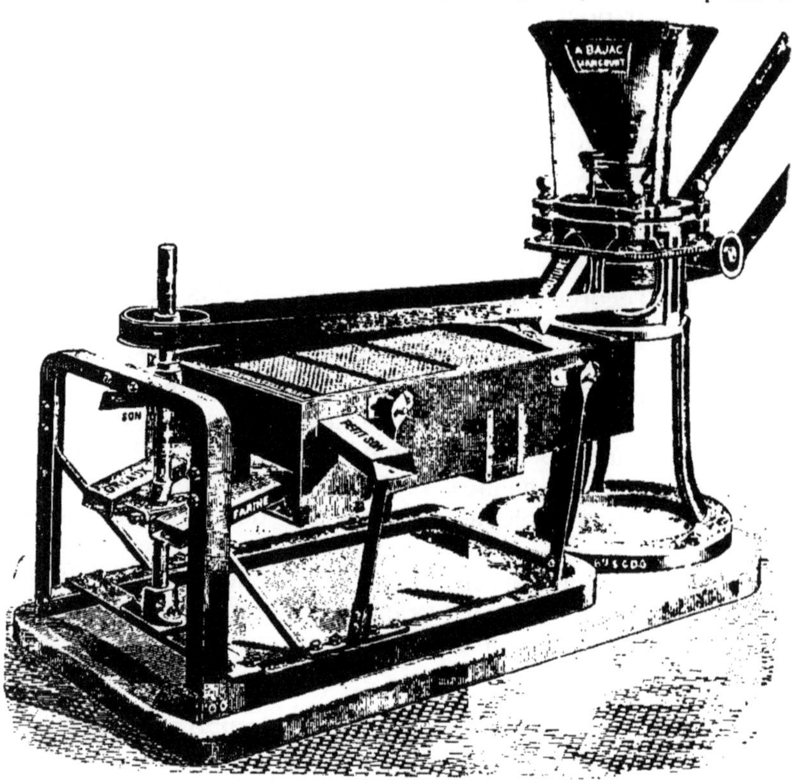

Fig. 64. — Moulin a moteur Bajac.

Deux meules en acier écrasent le grain. La boulange ou mouture *tombe sur des cribles animés d'un mouvement de va-et-vient qui séparent du* son, *du* petit son, *des* gruaux *et de la* farine.

deux meules en acier, cannelées, qui réduisent le grain en boulange. Des tamis, séparent des sons gros et petits, des gruaux et de la farine. Un moulin à bras, coûtant 300 francs, peut moudre et bluter 15 kilogrammes de blé par heure.

Examiné en détail, le moulin Bajac comprend trois parties principales (fig. 65) :

1° La cuve A qui comporte au centre une crapaudine B qu'on remplit d'huile, et 4 oreilles C à chacune desquelles se trouve une vis à embase;

2° Le plateau supérieur D supporté d'une façon égale, précise, par les 4 vis à embase de la cuve. A ce plateau est fixée, au moyen de vis noyées, la meule supérieure (meule gisante);

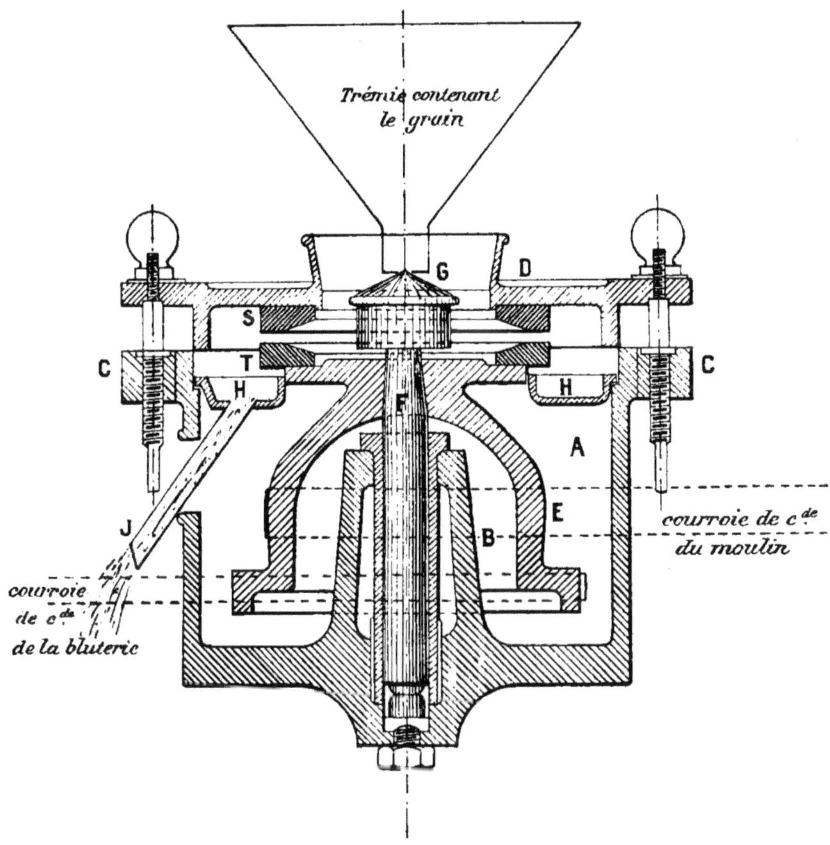

Fig. 65. — Coupe du moulin agricole Bajac.

3° La poulie E supportant la meule tournante est solidement assujettie sur un axe F en acier qui pivote dans la crapaudine B.

En marche, le grain, chargé dans la trémie, a son entrée réglée sur le cône G qui tourne et projette le blé entre les meules d'où il s'échappe sous l'action de la force centrifuge. Il est broyé au passage et tombe en mouture dans un auget circulaire fixe H. La mouture est ramassée par des raclettes et amenée au conduit J pour tomber sur la bluterie.

Les meules, gisante supérieure et tournante inférieure, ont des cannelures identiques (fig. 66).

Ces cannelures, partant de la circonférence extérieure de la meule, sont régulières et tangentes à un cercle intérieur B dont le diamètre est déterminé suivant la nature du grain à travailler ou le degré de finesse à obtenir.

La vitesse linéaire moyenne à la circonférence extérieure de la tournante est de 4 m. 50 à la seconde.

Moulin de campagne de la Société générale meulière (La Ferté-sous-Jouarre). — Ce moulin (fig. 67) comprend les appareils suivants :

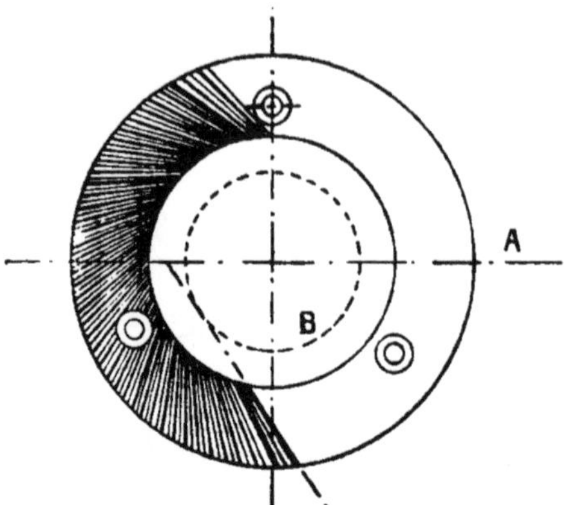

Fig. 66. — Vue de face d'une meule du moulin Bajac.

1° Un *nettoyeur* N à cribles superposés ;

2° Un *appareil de mouture du moulin proprement dit* M formé de deux meules en silex dont on peut régler l'écartement ;

3° Une *bluterie* B.

Le **nettoyeur** N (fig. 68) comprend dans le même appareil : un *émotteur*, un *batteur* et un *aspirateur*.

Une partie mobile unique, placée au centre du moulin actionne les trois appareils.

L'émotteur (fig. 68) suspendu par quatre tiges est formé de deux cribles superposés en tôles perforées : le premier, qui reçoit le blé sale, est perforé

Fig. 67 — Moulins a bras Bajac donnant de la farine panifiable.

de longs trous dits « émotteurs » ; il laisse passer le blé, mais retient les déchets plus gros que le blé (balles, mottes, etc.) pour les rejeter au dehors. Le deuxième crible est percé de trous ronds retenant le blé mais laissant passer les déchets plus petits que le blé (les petites graines, notamment) et qui sont également rejetés au dehors. Le blé glisse sur une tôle jusqu'au con-

FIG. 68. — MOULIN DE CAMPAGNE COMPLET.
(*De la Société générale meulière de La Ferté-sous-Jouarre*).

T, *entrée du blé sale;* E, *épierreur;* N, *nettoyeur à cribles;* D, *déchets;* S, *sortie du blé nettoyé;* A, *entrée du blé propre;* M, *meules;* C, *conduit allant au blutage;* B, *bluterie polygonale à toile métallique;* R, *refus de blutage;* G, *gruaux;* F, *farine.*

duit qui le mène au batteur. Tout l'émotteur est mis en mouvement par la bielle horizontale.

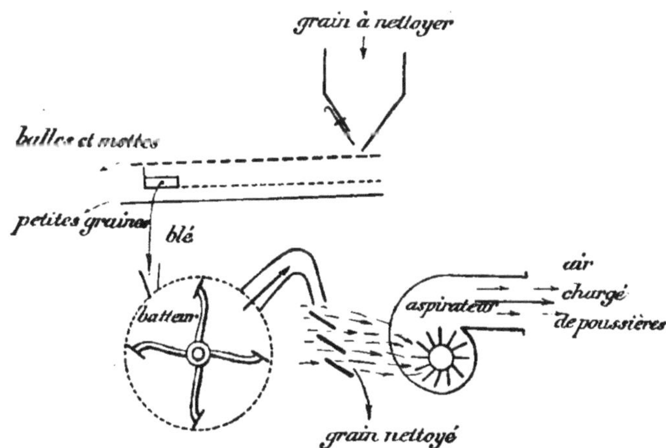

FIG. 69. — FIGURE THÉORIQUE DU NETTOYEUR DU MOULIN DE CAMPAGNE.
Ce nettoyeur comprend un émotteur, un batteur et un aspirateur.

Le *batteur* se compose d'un cylindre fixe en toile métallique dite « épointeuse » dans lequel se meuvent deux croisillons à quatre branches fixés sur l'arbre horizontal de la colonne et qui portent, fixés à leurs extrémités, les quatre palettes en tôle du batteur. Ces palettes présentent une certaine obliquité par rapport à l'axe central du cylindre pour faciliter l'entraînement du grain vers l'aspirateur.

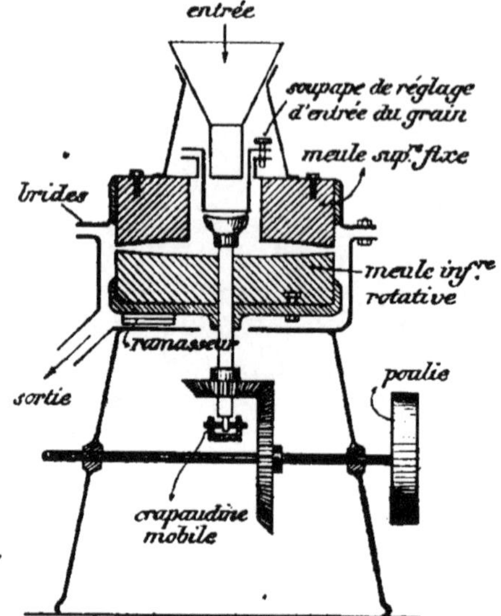

Fig. 70. — Moulin proprement dit ou moulin de campagne complet représenté par la figure 68.

L'*aspirateur*, comme dans un tarare ordinaire, est formé d'un croisillon portant des palettes en tôle tournant dans une boîte du même métal qui communique avec le batteur par un conduit. Ce croisillon est fixé sur le même arbre horizontal que le batteur.

En résumé, pour le *nettoyeur*, le blé mis dans la trémie tombe sur le premier crible puis sur le deuxième et se rend au batteur encore mélangé de poussières. Dans le batteur, le blé est vivement remué avec toutes les poussières ; l'aspirateur à palettes les aspire et les rejette au dehors.

Le blé nettoyé est alors envoyé au ***moulin proprement dit*** M (voir fig. 68) représenté en coupe par la fig. 70.

Le ***moulin*** se compose de deux meules en silex disposées dans un bâti en fonte.

La meule supérieure, qui est fixe, est maintenue dans une cuve en fonte. La meule inférieure rotative est scellée dans une cuve clavetée sur un axe de rotation en fer dont la partie supérieure est taillée en cône pour agir comme distributeur du grain. Le mouvement à la meule inférieure est donné par une paire d'engrenages. La meule inférieure peut être rapprochée à volonté de la meule

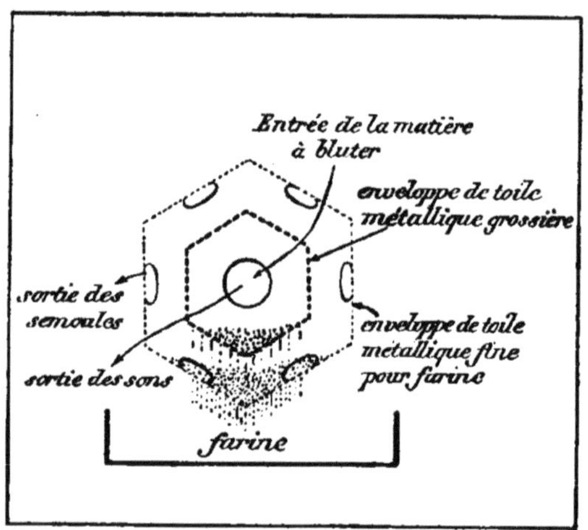

Fig. 71. — Figure théorique de la bluterie du moulin de campagne.

supérieure par la manœuvre d'un petit volant. Quand l'usure des meules est telle que le volant est arrivé à bout de course, il suffit de supprimer le petit disque en bois interposé entre les brides des deux cuves (fig. 69).

Des ouvertures ménagées dans le cylindre soutenant l'entonnoir, permettent à l'air de circuler entre les meules et d'éviter ainsi l'échauffement.

Pour la mouture, le blé nettoyé est mis dans l'entonnoir, il est distribué entre les deux meules et les produits obtenus sortent par un conduit pour aller dans la bluterie.

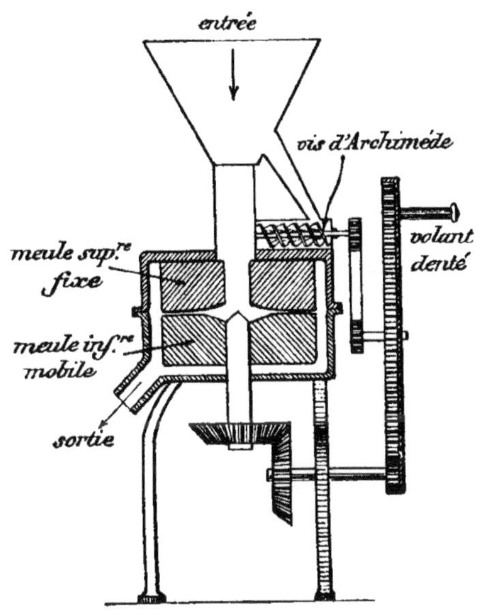

Fig. 72. — Figure théorique du petit moulin colonial de la Société générale meulière.

La bluterie B (voir fig. 68) représentée en coupe par la figure 71 se compose d'une caisse contenant un cylindre garni de soie à bluter ou de toile métallique dont les différentes parties sont en réalité des tamis métalliques de numéros différents. Ils reçoivent les produits moulus et séparent : la farine d'une part, les gruaux et semoules d'autre part, et, enfin, les sons rejetés par la bluterie.

Les produits moulus venant du moulin entrent dans la bluterie par le centre, passent à travers la toile métallique, la farine sort du tamis le plus fin ; les gruaux et semoules restent sur ce tamis.

Production et rendement. — Le moulin complet peut moudre 70 kilogrammes de blé par heure donnant un rendement en farine d'environ 65 pour 100 par blutage opéré aux soies n° 70 et n° 80.

La dépense du moteur type Aster actionnant tout le moulin est de 1 fr. 10 pour travailler 70 kilogrammes par heure.

Le prix du moulin complet avec son moteur est d'environ 3000 francs.

Petit moulin colonial de la Société générale meulière. — En dehors des exploitations pouvant utiliser un moulin moulant avec moteur, il existe bon nombre de cultivateurs ne possédant pas de force motrice, et la plupart de nos colons sont dans ce cas. Il fallait, pour cette catégorie intéressante de travailleurs, un outil robuste et de mouvement suffisamment doux pour leur permettre d'exécuter les travaux au moyen de la main-d'œuvre dont ils disposaient. La Société générale meulière a créé un petit moulin colonial répondant à ce besoin.

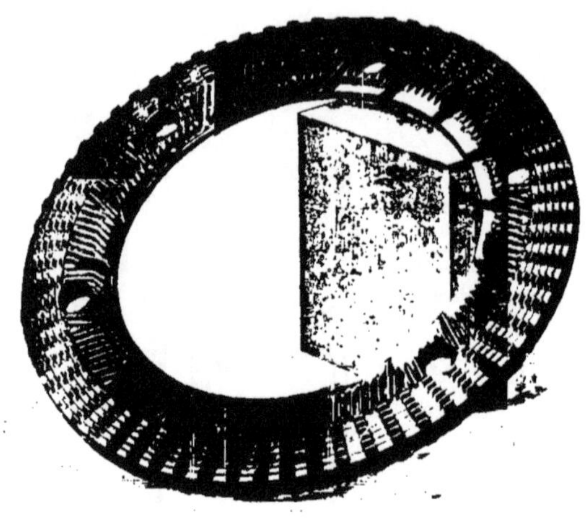

Fig. 73. — Meule du moulin Krupp (*Chalifour et Cie*).

Ce moulin (fig. 72) se compose (comme le moulin proprement dit que nous avons décrit plus haut, fig. 70) de deux meules en silex de 0 m. 25 de diamètre dont la supérieure est fixe, maintenue par scellement dans la cuve supérieure du moulin, tandis que la meule inférieure fixée sur l'arbre vertical est rotative.

La manivelle est fixée sur le volant denté intérieurement qui transmet son mouvement à l'aide de deux pignons d'angle à l'arbre vertical soutenant la meule mobile.

La distribution des matières à moudre se règle très facilement et automatiquement (fig. 72) par la vis d'Archimède actionnée par chaine Vaucanson et roues spéciales. De cette façon l'alimentation du moulin est proportionnelle à la vitesse. En effet, plus la vitesse est grande, plus la vis d'Archimede tourne vite et plus elle débite de grain.

Le volant manivelle formant poulie extérieurement permet d'actionner ce moulin au moyen d'une courroie. On peut donc, si l'on possède un manège, commander le moulin par poulie et courroie afin d'augmenter le rendement.

Le blé est mis dans la trémie, il tombe sur la vis d'Archimède qui le distribue automatiquement aux meules, les produits moulus sortent à la partie inférieure de la cuve.

Dans les ***moulins Excelsior-Krupp,*** de Chalifour, le broyage est effectué entre deux disques verticaux (fig. 73).

Les ***concasseurs Simon frères*** (fig. 74) peuvent rendre de grands services dans les fermes pour concasser des grains destinés au bétail (orge, sarrasin, maïs, fèves).

Mouture et panification Schweitzer. — La maison Schweitzer, de Suresnes, a imaginé un système de meunerie-boulangerie permettant la transformation du blé en pain dans un même atelier.

La mouture est effectuée entre deux meules horizontales en acier. Le blutage est obtenu dans un plansichter simple à trois tamis superposés donnant de la farine, des gruaux et du son. Les gruaux subissent un second broyage et un second tamisage.

La farine est additionnée de levain et d'eau salée puis travaillée dans un pétrin continu ou discontinu.

La cuisson a lieu dans un four continu formé d'un moufle chauffé au bois, au gaz, au coke ou au charbon. Le pain, placé sur un chariot en toile métallique, avance peu à peu et sort du moufle cuit à point.

FIG. 74. — CONCASSEUR SIMON FRÈRES.

D'après M. Dufresse, directeur de l'École des industries agricoles de Douai, les appareils Schweitzer sont simples, faciles à conduire et peuvent rendre de grands services à l'agriculture. Cent kilogrammes de blé rendent 75 kilogrammes de farine panifiable qui donnent 95 à 100 kilogrammes de pain. Le son paie les frais de panification. L'économie réalisée par 100 kilogrammes de blé ou par 100 kilogrammes de pain peut atteindre 5 à 6 francs. Le pain obtenu est agréable, riche en gluten et en phosphates.

CHAPITRE VIII

DIVISION DES PRODUITS DE MOUTURE

69. Les produits de mouture. — Les produits de mouture comprennent la *farine*, les *gruaux* ou fragments d'amande de volume appréciable, les *sons* et les *issues*. Les gruaux des blés durs prennent le nom de *semoules*.

Les gruaux se divisent en gros et petits, blancs ou nus, gris ou vêtus.

Les sons et issues comprennent des gros, moyens et petits sons et des remoulages.

L'épuration de la farine de meules ou de cylindres est obtenue avec des *bluteries* et avec des *sasseurs*.

70. Travail des bluteries. — Les bluteries classent les gruaux d'après leur grosseur. Elles se composent de châssis garnis de toile métallique en fils de bronze (*extracteurs*), ou de gaze de soie à mailles d'une régularité parfaite (*diviseurs*). Les gazes sont désignées par un numéro indiquant le nombre de fils par pouce linéaire de 27 millimètres (n°s 20, 50, 100, 150, 180). La soie est tissée de différentes manières (Montauban, tour anglais, Zurich ou Paris). La largeur du tissu (0^m50, 0^m66, 1^m02) constitue un *lé*. Le poids de la gaze varie de 35 à 60 grammes par mètre carré pour les numéros extrêmes 8 et 240.

Les trous de la gaze, causés par usure ou par accident, sont bouchés avec du papier gommé. Suivant leur travail, les soies doivent être remplacées au bout de un à trois ans. Il existe plusieurs types de bluteries : bluterie prismatique, bluterie ronde, bluterie plansichter, etc.

La farine séparée à chaque blutage n'est pas renvoyée entre les cylindres. Les gruaux isolés ne retournent pas non plus aux broyeurs mais ils passent dans le convertisseur. Le travail ordinaire de blutage peut être ainsi résumé :

Produits du broyage envoyés à l'*extracteur*.	Fragments de grains renvoyés aux *broyeurs*.	
	Gruaux et farine tamisés par un *diviseur*.	Farine de broyage.
		Gruaux envoyés au *sasseur* puis au *convertisseur*.

71. Bluterie prismatique. — C'est un tambour hexagonal ou octogonal, en bois, garni de tête en queue, de lés de gaze, à mailles de plus en plus grandes (fig. 75). Le prisme, long de 2 à 6 mètres, est incliné d'environ 2 centimètres par mètre. Il tourne lentement. La boulange, qui descend à l'intérieur, est divisée par les tamis en lots de plus en plus grossiers. Les sons tombent en queue.

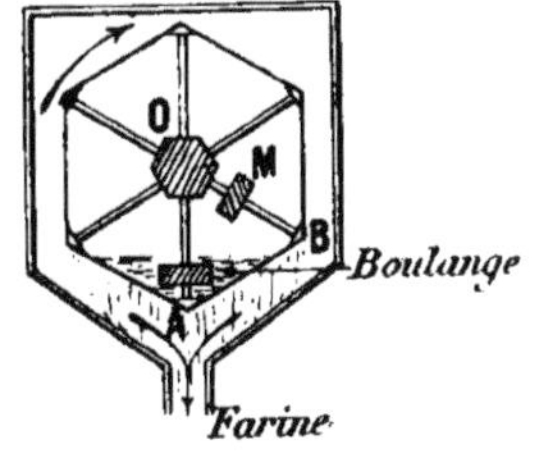

FIG. 75. — PRINCIPE D'UNE BLUTERIE HEXAGONALE.

Des masses de bois, M, glissent librement le long des barettes OA, OB, et donnent des chocs qui font sortir les particules retenues dans les mailles.

72. Bluterie ronde. — Cet appareil (fig. 76) est formé d'un tambour cylindrique, garni de gazes de soie. A l'intérieur, la boulange descend la pente en même temps qu'elle est partiellement entraînée par la rotation du cylindre. Une brosse circulaire facilite le détachage de la farine.

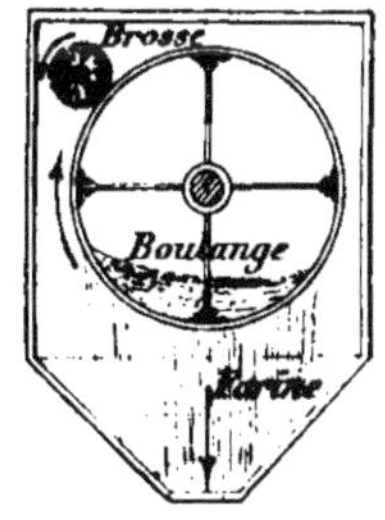

FIG. 76.
PRINCIPE D'UNE BLUTERIE RONDE.

Cet engin est souvent employé comme bluterie de sûreté pour le reblutage de toutes les farines premières.

73. Plansichter. — C'est une caisse plate, ronde ou rectangulaire, suspendue par des lames flexibles fixées soit au plafond soit sur le plancher. Un excentrique placé sous la caisse lui communique le mouvement de va-et-vient d'un crible (fig. 77).

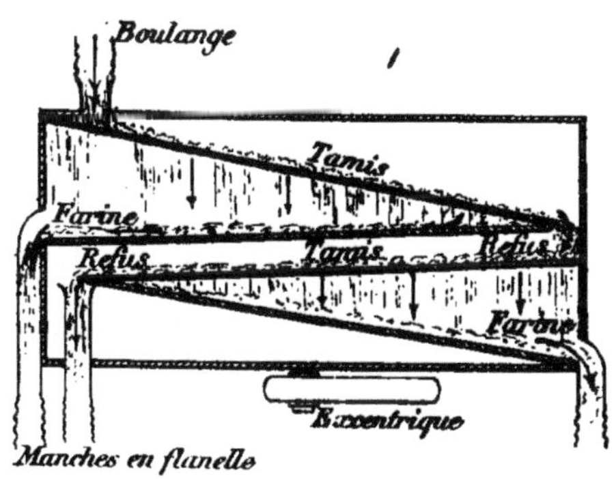

FIG. 77. — PRINCIPE D'UN PLANSICHTER.

La caisse renferme 6 à 8 tamis de soie superposés, ceux à larges mailles en bas. Chaque tamis sépare une catégorie de marchandise.

Le plansichter, inventé par Haggenmacher, de Budapest, est apparu en France vers 1892. Il s'est rapidement répandu et reste très en faveur.

Les plansichters à caisse circulaire sont préférés pour les

débits moyens (fig. 78); ceux à caisses rectangulaires sont adoptés pour les grandes productions.

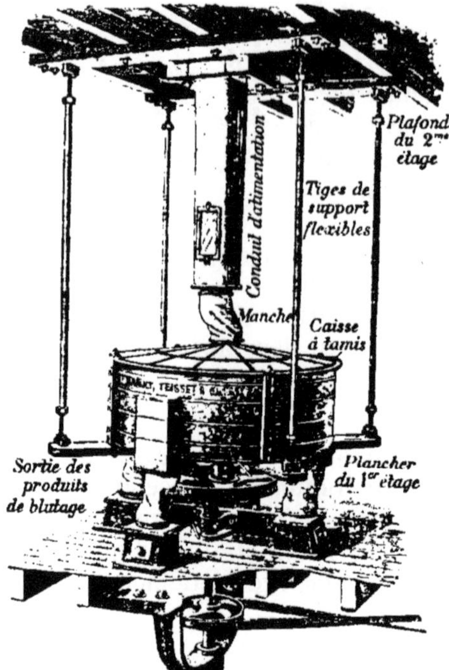

Fig. 78. — Plansichter Bunge a plateau et tamis circulaires.

En moyenne, on donne une vitesse de 120 à 140 tours à la minute, une excentricité de 50 millimètres et un nombre de tamis blutants qui varie de 2 à 14 par caisse.

Cette machine remplace un groupe de bluteries; elle concentre le travail sur un point; elle donne, sans chocs, des produits bien calibrés; elle procure des économies de force motrice, d'emplacement et d'installation (courroies, conduits, etc).

Par contre, le plansichter demande de la surveillance pour l'alimentation, pour le réglage de la vitesse et pour le classement des produits obtenus. Son travail manque un peu d'énergie pour les fins de mouture obtenus avec les convertisseurs.

74. Sasseur. — Le sasseur classe les gruaux d'après leur densité (fig. 79). Dans une caisse étanche, un tamis en gaze est animé d'un mouvement de va-et-vient, et traversé, de bas en haut, par un fort courant d'air. Sur le tamis, les gruaux se superposent par ordre de densité; les blancs, qui sont les plus lourds, passent à la partie inférieure

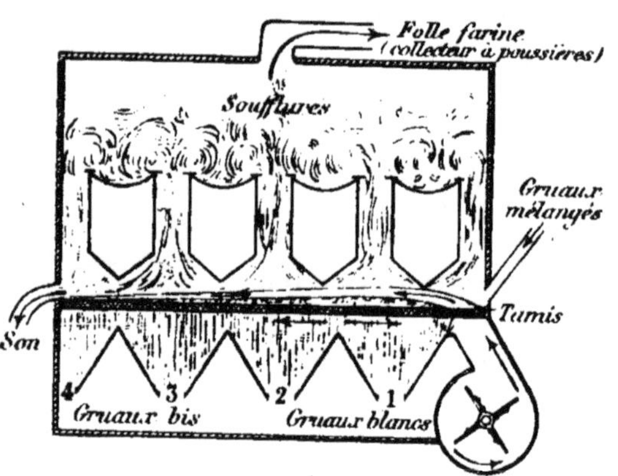

Fig. 79. — Principe d'un sasseur.

de la masse et tombent en 1 ; les gris ou bis suivent le tamis et tombent en 4. Les sons sortent en queue.

Le courant d'air soulève des sons légers, qui retombent dans des augets, et de la farine très fine, ou folle farine, entraînée jusqu'à un *collecteur de poussières* qui la retient.

Dans le collecteur « cyclone », très employé en meunerie, surtout pour les poussières de nettoyage, l'air prend un mouvement de rotation dans une boîte conique. Sous l'action de la force centrifuge, les poussières, plus lourdes que l'air, adhèrent aux parois et descendent à la base du cône, tandis que l'air purifié sort à la partie supérieure (fig. 80).

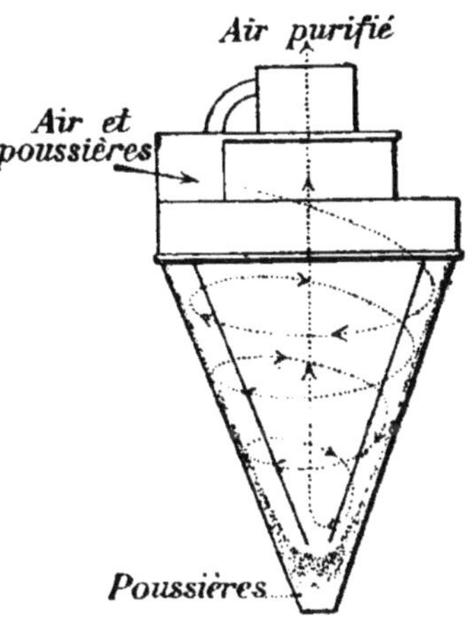

Fig. 80. — Collecteur à poussières « cyclone ».

Les *filtres à poussières*, formés de tuyaux ou de manches, dans lesquels l'air souillé est envoyé sous pression ou attiré par aspiration, se répandent rapidement.

75. Organisation du broyage et du blutage. — Diagramme. — Dans les moulins de quelque importance, il est indispensable d'établir un plan indiquant la marche suivie par les différents

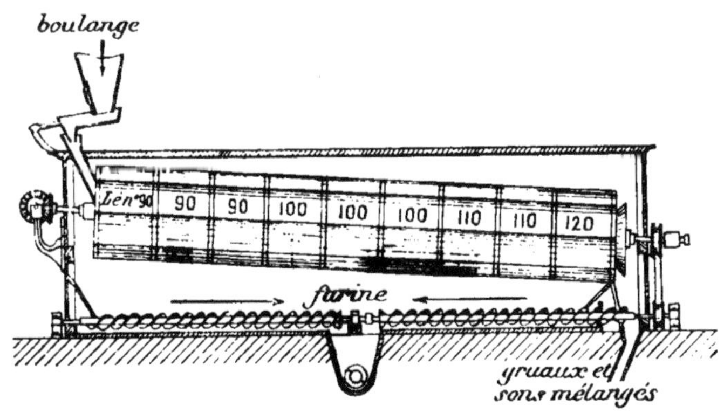

Fig. 81. — Bluterie boulange de blé.

produits de mouture et de blutage : c'est le *diagramme*.

Sans entrer dans des exemples compliqués, nous signalerons simplement l'organisation du blutage par trois bluteries ordinaires dans un moulin à deux paires de meules.

Pour décharger rapidement la première bluterie à boulange de blé, qui donne sur toute sa longueur de la farine fine (fig. 81), on place en tête les lés de soie les plus ouverts. En queue, on obtient des gruaux et des sons mélangés.

Une deuxième bluterie sépare des gruaux à remoudre, des

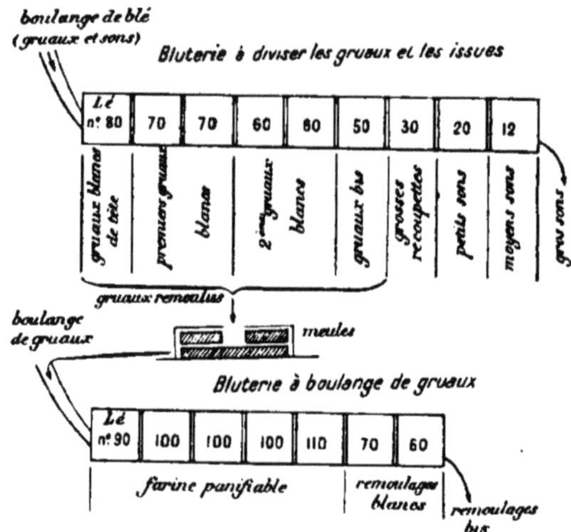

Fig. 82. — Bluterie a diviser les gruaux et bluterie a boulange de gruaux.

recoupettes et des sons de trois grosseurs (fig. 82). Comme cette bluterie donne sur son trajet des gruaux et des issues, on place en tête des soies fines, puis des soies de plus en plus larges.

Les gruaux remoulus sont envoyés dans une troisième bluterie qui sépare de la farine, des remoulages blancs et des remoulages bis.

CHAPITRE IX

QUALITÉS ET DÉFAUTS DES FARINES

L'examen des farines peut porter sur le *taux de blutage*, l'*affleurement*, l'*odeur*, la *blancheur*, la *richesse en gluten*, l'*élasticité du gluten*, l'*humidité*, les *altérations* par des insectes ou des champignons, les *falsifications* avec des farines étrangères ou des matières inertes.

76. Taux de blutage et taux d'extraction. — On appelle *taux de blutage* le poids des issues fourni par 100 kilogrammes de blé. Le *rendement*, ou *taux d'extraction*, est le poids de farine obtenu par 100 kilogrammes de blé. Exemple : taux de blutage, 27 pour 100; rendement, 72 pour 100; pertes, 1 pour 100.

Les minoteries civiles blutent en moyenne à 30 pour 100.

Dans les moulins militaires on opère par mouture basse très énergique. Le blutage est effectué sur des soies très ouvertes et les gruaux sont incorporés à la farine de premier jet de façon à obtenir un rendement de 80 pour 100. On prépare ainsi une farine bise et du pain grossier. Une amélioration simple et très sensible serait réalisée en abaissant le rendement à 75 pour 100.

77. Affleurement. — Une farine est *fleurante* quand elle laisse une poudre fine adhérente aux doigts. Elle est *gruauteuse* quand on sent de petits fragments rouler sous les doigts. La farine fleurante, ou tendre, forme facilement dans la main une pelote qui se tient. Dans les farines de meules *trop affleurées*, le gluten est en partie altéré par la chaleur subie. Le *taux d'affleurement* est évalué au moyen d'un tamis à mailles de dimensions convenues. Le poids de ce qui se passe, par 100 de farine, donne le taux d'affleurement.

L'administration militaire recherche l'affleurement suivant pour les farines de blé tendre :

Le tamis n° 90 laisse passer 70 pour 100 au moins et 80 pour 100 au plus;

Le tamis n° 120 laisse passer 60 pour 100 au moins et 70 pour 100 au plus.

Dans la *mouture haute*, les pièces travaillantes sont éloignées : on obtient un faible rendement en farine très blanche et gruauteuse. Dans la *mouture basse*, les pièces travaillantes sont rapprochées : on obtient un rendement élevé en farine ordinaire très affleurée.

78. Odeur. — Dans une bonne farine, l'odeur est nulle ou agréable. L'odeur de moisi indique une altération grave.

79. Blancheur. — Pour apprécier la blancheur d'une farine, on aplatit l'échantillon sur du papier de couleur foncée, bleu, vert ou noir.

Le procédé Pekar donne encore de meilleurs résultats. Sur une planchette polie, on écrase de petits tas des farines à examiner. On les coupe carrément au couteau et on les fait facilement glisser les uns à côté des autres. Le tout est plongé dans l'eau pendant une demi-minute. Les *piqûres*, c'est-à-dire les points gris, rouges ou noirs, et les différences de *teintes* deviennent ainsi très marquées. Une loupe facilite l'examen.

Les farines saines deviennent plus blanches avec l'âge, sans doute par suite de la transformation des huiles en acides gras blancs. Des essais récents ont été entrepris en vue de *blanchir les farines* jaunes par l'air chargé d'ozone ou de produits nitreux.

D'après les études de M. Fleurent, voici quelques indications sur le *blanchiment des farines* par des produits gazeux.

La farine est soumise à l'action des composés oxygénés de l'azote, particulièrement du peroxyde d'azote. L'ozone communique une odeur repoussante. L'oxygène ozonisé est sans action.

Le peroxyde d'azote se fixe sur la matière grasse de la farine (1 pour 100) et la rend plus transparente. Il agit aussi sur la cellulose et sur l'amidon.

Chose curieuse, le blanchiment par les gaz nitreux est d'autant plus marqué que les farines à traiter sont plus blanches au début de l'opération. L'action est peu sensible sur les farines deuxièmes qui ne peuvent pas être transformées en farines premières.

Par contre, le blanchiment permet toujours une meilleure conservation des farines. Les traces minimes de produits nitreux qui restent dans le produit semblent sans danger pour la santé. Il n'en serait pas moins utile d'instituer des recherches sur ce point avant d'autoriser le blanchiment par les gaz nitreux.

Il est facile de reconnaître une farine blanchie. On la traite par la benzine pour dissoudre la matière grasse. La solution est évaporée. Le résidu est redissous dans l'alcool amylique et additionné de potasse alcoolique : avec la farine ordinaire, la couleur ne change pas ; avec la farine blanchie, la couleur devient rouge orangé.

80. Richesse en gluten. — Pour un dosage approximatif, on forme un pâton ferme avec 33 grammes de farine et 17 grammes d'eau. La pâte est malaxée sous un mince filet jusqu'à ce que le liquide de lavage ne soit plus laiteux (fig. 83). Pour éviter l'adhérence, on huile le plateau d'une balance et on pèse le gluten resté dans les doigts. Pour rapporter à 100 grammes de farine, on multiplie par *trois* le poids de gluten. Une bonne farine renferme au moins 30 pour 100 de gluten humide.

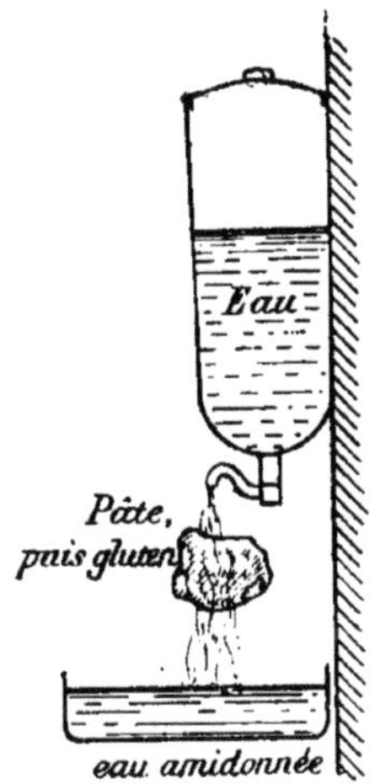

FIG. 83.
EXTRACTION DU GLUTEN DE LA FARINE DE BLÉ.

81. Élasticité du gluten. — Dans un petit cylindre chauffé par un bain d'huile, le gluten gonfle, devient poreux et se coagule en minces feuillets. Un même poids de gluten, 7 grammes par exemple, donne un cylindre d'autant plus long que le gluten est plus élastique. Cet essai est réalisé avec l'*aleuromètre Boland.*

Traité par une solution alcoolique de potasse, le gluten se divise en deux parties, la *gluténine* insoluble et la *gliadine* soluble et visqueuse. Le meilleur gluten renferme trois quarts de gliadine pour un quart de gluténine. Avec plus de gliadine, le pain lève bien mais s'aplatit pendant la cuisson. Avec moins de gliadine, la pâte est plus difficile à travailler et se développe insuffisamment.

Les farines de seigle, d'orge, de maïs, de sarrasin, de riz renferment peu de gliadine. Elles donnent un pain compact, de digestion difficile. Leur gluten ne se soude pas et ne peut être extrait par lavage. Ce gluten est déterminé en dosant l'azote et en écrivant : gluten sec = azote × 6,25.

82. Humidité. — Séchée dans une étuve à 105 degrés, la farine ne doit pas perdre plus de 15 pour 100 d'eau.

83. Caractères généraux d'une bonne farine. — D'après les travaux de M. Fleurent et de M. Arpin, une farine première de bonne qualité doit satisfaire aux conditions suivantes :

Humidité.	15 p. 100 au plus.
Gluten sec	7,5 p. 100 au moins.
Acidité (sulfurique)	0,040 p. 100 au plus.
Matières grasses	0,80 à 1,10 p. 100.
Farine de fèves	3 p. 100 au plus.
Composition du gluten p. 100 . . .	75 de gliadine et 25 de gluténine.

Absence complète de toute altération ou falsification.

Le poids total de gluten présente une grande importance. Un kilogramme de gluten sec retient dans le pain 1 kg. 500

d'eau ce qui augmente le rendement à la panification. Au contraire, un excès d'humidité diminue le rendement.

Dans les farines premières altérées ou âgées, l'acidité arrive à 0,100 et 0,150 pour 100 tandis que le taux de matière grasse descend à 0,50 pour 100. Mouillé et posé sur de la farine, un papier de tournesol bleu devient rouge.

Beaucoup de farines françaises renferment dans leur gluten un excès de gliadine qui rend la pâte lâchante. On donne du corps à ces farines par incorporation de farine de blé dur (5 pour 100 environ) ou de farine de fèves, dont le gluten est très riche en gluténine. L'addition de farine de fèves est tolérée jusqu'à 3 pour 100.

84. Altérations. — La larve d'un coléoptère noir, le ténébrion (*Tenebrio molitor*) vit de farine. Cette larve ou *ver de la farine* est jaune clair luisant; sa longueur est de 15 millimètres.

La chenille d'un petit papillon gris, long de 10 millimètres, l'*Ephestia kuhniella*, ou *pyrale de la farine*, s'attaque à la farine et aux biscuits de troupe. Cette chenille est jaune, noire et rose. Elle agglutine les particules de farine en un feutrage de fils.

Elle existe aujourd'hui dans presque tous les moulins. Parfois la farine est mise en pelotes qui obstruent les soies des bluteries et même les canaux des élévateurs. Le papillon est nocturne et recherche les endroits obscurs.

On reconnaît qu'une farine en sacs est attaquée par l'*Ephestia* en enfonçant un bâton et en le sortant doucement : on retire alors des filaments blancs.

La farine peut encore être attaquée par la mite, ciron ou *acarus*, et par des moisissures. En pressant la farine pour en former une surface unie, on voit les mites soulever de petits monticules.

La farine peut encore être avariée, sans qu'il y ait fraude, par des spores de cryptogames (carie, rouille, mucor); par des fragments de graines toxiques : mélampyre, nielle, ivraie: par des fragments d'ergot.

85. Falsifications avec des farines étrangères. — Les farines de seigle, de maïs, d'orge, de riz, etc., sont parfois mélangées à la farine de froment. Elles se reconnaissent à l'examen microscopique des grains d'amidon (fig. 84). La forme de ces grains varie d'une céréale à l'autre. Les farines commerciales des grandes minoteries sont presque toujours additionnées d'une petite quantité de farine de fève.

La réaction suivante, indiquée par de Brévans, permet de déceler la féverole dans une farine de blé. On emploie 1 à 2 grammes de farine à essayer pour enduire les bords, humectés au préalable, d'une capsule de 10 centimètres

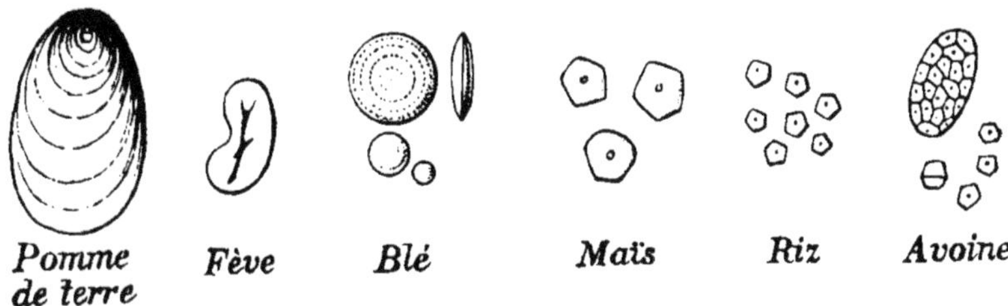

Fig. 84. — Grains d'amidon.

de diamètre dans laquelle on place une capsule plus petite contenant de l'acide nitrique. On couvre la grande capsule avec une plaque de verre et on chauffe légèrement au bain de sable. Dès que la farine a pris une coloration jaune, on remplace la capsule contenant de l'acide nitrique par une autre contenant de l'ammoniaque dont les vapeurs colorent en rouge la farine de féverole.

86. Falsifications avec des matières inertes. — Le plâtre, la craie, le sulfate de baryum sont découverts par le dosage des cendres, dont la proportion dans la farine est toujours inférieure à 1 pour 100. La sciure de bois très fine est parfois ajoutée aux farines. Elle se reconnaît au microscope par la coloration rouge qu'elle prend avec la phloroglucine et l'acide chlorhydrique ou par sa coloration jaune avec le sulfate d'aniline.

Parmi les matières minérales qui, dans ces derniers temps, ont le plus servi à la fraude des farines, il faut réserver une mention spéciale au *talc*, ou silicate de magnésie. Le talc est une matière inerte, rayée à l'ongle, à toucher onctueux, à éclat gras, qui n'est pas toxique, mais qui peut produire des désordres dans l'organisme. Sa présence dans une farine est un véritable attentat contre la santé publique.

Pour reconnaître le talc, on agite, dans un tube, la farine suspecte avec du chloroforme : les éléments farineux surnagent et le talc, s'il y en a, tombe au fond.

Le *kaolin*, ou silicate d'alumine hydraté, est également une poudre légère qui s'incorpore bien aux farines. Le talc et le kaolin coûtent environ 10 francs les 100 kilos ; la farine se vend 30 à 36 francs les 100 kilogrammes.

87. Composition des produits de mouture. — La composition des céréales et des produits de mouture peut varier dans des limites assez étendues. Les chiffres suivants ne représentent que des moyennes. Pour le pain, les principes digestibles se rapportent à l'homme; pour les autres produits. ils se rapportent aux animaux.

ÉLÉMENTS pour 100 en poids.	BLÉ	SEIGLE	ORGE	FARINE de blé.	GERMES de blé.	SON de blé.	PAIN de blé.
Eau.	14	14	14	13	12	11	30
Matières azotées digestibles	11	10	8,5	10	15	10	–
Matières grasses digestibles	1,2	1,6	2,3	1	2	2,9	0,3
Matières hydrocarbonées digest. . .	64	64	56	70	50	47	50
Matières minérales.	1,7	1,8	2,7	0,5	4	4,1	1,5

Composition de diverses issues d'un blé de l'Aisne d'après Aimé Girard.

(Humidité moyenne 13 pour 100.)

PRINCIPES DOSÉS 0/0	FARINE noire.	QUEUES DU BROYAGE — GROS sons.	SONS moyens.	PETITS sons.	QUEUES DU SASSAGE — GRUAUX blancs (remoulages).	GRUAUX bis (bâtards).	VENTILATIONS des broyeurs, blutoirs, sasseurs (soufflures).
Matières azotées. . . .	8,7	14,0	12,6	13,6	13,6	12,9	12,9
Matières grasses.	1,0	3,5	3,5	4,0	6,1	5,9	7,0
Amidon. . . .	63,5	25,4	21,9	20,8	47,5	29,3	45,8
Matières minérales.	0,7	6,0	4,9	3,4	1,6	2,8	1,6

88. Emplois agricoles des sous-produits ou **basses matières.** — Les mauvaises graines ne peuvent guère servir qu'à l'alimentation des poissons en étang. Les poussières sont utilisées comme engrais dans les prairies.

Les gruaux épuisés de farine donnent les *remoulages.* Les remoulages sont ordinairement additionnés de 15 à 20 pour 100 des produits de la mouture de déchets venant des trieurs (petits blés, grains cassés, graines, etc.). Parfois, ces déchets fournissent de la farine troisième ou sont vendus en nature pour l'alimentation des volailles. Les meuniers offrent des *remoulages blancs, bis et bâtards,* employés, comme les sons, à l'alimentation du bétail. Les sons se classent en *gros son*, ou *son en écailles*, *son moyen*, *petit son*, *recoupes*, et *recoupettes*. Le mélange des trois catégories de son prend le nom de *son trois cases*. Le prix est d'autant plus élevé que le son est plus gros. La qualité du son ne dépend pas de son origine (meules ou cylindres), mais de la proportion de farine restée à la face interne des écailles et pouvant poudrer la main. Des cylindres fraîchement taillés laissent un son sec, couleur de bure sur les deux faces, très peu nutritif. Les cylindres ayant travaillé un certain temps détachent moins de farine et laissent un son qui vaut celui de meules. A Paris et dans les grandes villes, les meuniers offrent de gros sons farineux qui s'écoulent à des prix avantageux.

Mais, le plus souvent, le travail des sons est terminé par un passage dans une *brosse à sons* qui détache des gruaux gris, incorporés aux farines troisièmes ou aux remoulages. Il reste alors une écorce brune sur les deux faces, sèche, de faible valeur nutritive.

En moyenne, on admet que l'hectolitre pèse : gros son, 22 kilogrammes : son moyen, 25 kilogrammes ; petit son, 30 kilogrammes ; son trois cases, 25 kilogrammes ; remoulages blancs, 45 kilogrammes ; remoulages bis, 40 kilogrammes.

Les germes sont parfois débarrassés de leur huile par traitement au sulfure de carbone. Le plus souvent, en raison de leur haute valeur alimentaire, ils sont utilisés dans l'alimentation du bétail

Le son est bien digéré par les moutons, les chevaux et les vaches laitières, mal par les porcs. On le donne sec ou *frisé*, c'est-à-dire légèrement mouillé ; il sert souvent à saupoudrer des aliments aqueux, betteraves, carottes, etc.

En raison de leur richesse en céréaline, les issues, et surtout le son, ne peuvent entrer qu'en proportion limitée dans la nourriture des animaux.

Cornevin conseille de ne pas dépasser, dans les rations journalières, les poids de son suivants :

Cheval.	2 kilogrammes.
Ane et mulet.	1 —
Bœuf à l'engrais.	4 —
Vache laitière	5 —
Mouton.	0 kilog. 500
Porc.	0 — 700

Le son en excès provoque la diarrhée et détermine des calculs intestinaux, presque entièrement constitués par du phosphate ammoniaco-magnésien.

CHAPITRE X

MÉTHODES OFFICIELLES D'ANALYSES DES FARINES ET DU PAIN

89. — D'après un arrêté du Ministre de l'Agriculture pris en date du 4 mars 1907, les laboratoires admis à procéder à l'examen des échantillons prélevés ne pourront employer, pour l'analyse des farines, pains, pâtisseries, pâtes alimentaires, fleurages et chapelures, que les méthodes décrites ci-après :

90. Tromperies sur les farines. – La tromperie sur la qualité et la nature des farines s'opère généralement de trois façons différentes :

1° Par la livraison d'une farine inférieure pour une supérieure ;

2° Par la livraison d'une farine altérée ou en voie d'altération, ou par le mélange de celle-ci avec une farine de bonne qualité ;

3° Par l'addition de farines étrangères au froment : riz, seigle, maïs, plus particulièrement.

Les fraudes consistant dans l'addition aux farines de sciure de bois, de craie, de plâtre, de chaux, de sable, etc., ne se rencontrent pas dans les farines de boulangerie, mais dans celles destinées à l'alimentation du bétail et aux usages industriels.

Dans le premier cas, qui sera le moins fréquent à cause de la facilité avec laquelle l'acheteur peut se rendre compte, *de visu*, de la qualité de la farine, ainsi que dans le deuxième, l'expert aura recours à l'analyse chimique.

Dans le troisième cas, l'analyse microscopique sera suffisante.

91. Humidité. — On opère sur 5 grammes de farine qu'on place dans un vase à extrait, bouchant à l'émeri, de 60 millimètres de diamètre, en verre de Bohême et taré d'avance.

On place à l'étuve à 100-105 degrés pendant huit heures. On laisse refroidir sous un exsiccateur et l'on pèse.

92. Gluten. — Ce dosage comporte deux phases distinctes : la confection du pâton et l'extraction du gluten.

On pèse 33 gr. 33 de farine, on les met dans un mortier de porcelaine émaillée de 10 à 11 centimètres de diamètre, avec environ 17 centimètres cubes d'eau ordinaire. A l'aide d'une spatule en os de 21 centimètres de longueur on délaye la farine avec l'eau de façon à en former un pâton qui est ensuite pétri entre les mains jusqu'à l'obtention d'une pâte homogène, douce, s'étirant bien et n'adhérant pas aux doigts.

Dès que ce résultat est obtenu, on porte le pâton sous le robinet d'une fontaine de verre contenant de l'eau maintenue à une température de 15 à 16 degrés.

Sous le robinet on dispose un tamis en soie n° 60, de 25 centimètres environ de diamètre, qui repose sur une terrine de faïence émaillée.

La composition de l'eau utilisée pour ce dosage présente de l'importance. Elle ne doit pas être quelconque et devra contenir à peu près 100 milligrammes de chaux totale, par litre, dont 8 à 9 dixièmes à l'état de bicarbonate. Pour préparer une eau convenable à ce dosage, on prend un décigramme de chaux vive du marbre, on l'éteint avec quelques gouttes d'eau, on la broye ensuite, avec un peu d'eau, pour la porphyriser ; on fait passer la chaux et l'eau dans un vase gradué et l'on complète à 1 litre avec de l'eau distillée.

Puis on fait passer dans le liquide un léger courant d'acide carbonique jusqu'à dissolution complète.

Le pâton est malaxé sous l'eau dont le débit doit être réglé de telle façon qu'il soit à peine possible de compter les gouttes. Cet écoulement est maintenu jusqu'à la fin de la deuxième phase du dosage, c'est-à-dire jusqu'au moment où la presque totalité de l'amidon étant éliminée, le gluten a acquis de la cohésion et se soude facilement.

On accentue alors le débit de l'eau de manière à former un mince filet, on frotte le gluten entre les doigts, jusqu'à ce que l'eau qui s'écoule ne soit plus blanche, mais simplement louche. Cette opération n'exige pas plus de 700 centimètres cubes d'eau.

Comme il faut éviter de prolonger le lavage du gluten, pour en dissoudre le moins possible, tout en éliminant la totalité de l'amidon, il est nécessaire d'observer le temps qu'on mettra à l'exécution du dosage, en attendant que la pratique vienne elle-même le régler. On compte au maximum dix à onze minutes pour l'extraction du gluten et deux à trois minutes pour le lavage. Un opérateur très exercé arrive au même résultat en un temps plus court qui n'excède pas dix à onze minutes pour toutes les phases du dosage.

Le gluten d'une bonne farine ainsi obtenu est blanc légèrement jaunâtre, d'aspect nacré, élastique et s'étirant parfaitement.

L'excès d'eau est éliminé en comprimant la boule de gluten une ou deux fois entre la paume des mains.

Le gluten ainsi *essoré* est placé sur une plaque mince de nickel tarée de 7×7 centimètres, dont un côté est relevé à angle droit, puis porté sur le plateau de la balance. Le poids trouvé, multiplié par 3, donne la quantité de *gluten humide* pour 100 de farine.

Il est indispensable de bien observer la marche qui vient d'être décrite pour obtenir des chiffres exacts et comparables entre eux.

93. Matières grasses. — Le dosage se fait sur 5 grammes de farine pesés sur une petite main de clinquant.

On prend, d'autre part, un tube de verre de 27 centimètres de longueur et de 19 millimètres environ de diamètre extérieur. L'une des extrémités du tube est effilée de façon à ne plus mesurer à la partie extrême que 6 millimètres de diamètre. L'autre bout est évasé pour faciliter l'introduction de la prise d'essai.

On descend dans la pointe effilée une petite boule de coton hydrophile qui est légèrement comprimée à l'aide d'une baguette de verre, et l'on introduit les 5 grammes de farine, qu'on tasse avec précaution, en maintenant le tube verticalement et en le laissant tomber de son propre poids, et à plusieurs reprises, d'une hauteur de 1 à 2 centimètres.

On place le tube sur un support. Sous la partie effilée on met un vase à extrait de 60 millimètres, et par la partie supérieure du tube on verse de l'éther à 66 degrés de façon à le remplir complètement.

On laisse la farine s'imbiber, et dès que les premières gouttes du liquide tombent dans le vase, on bouche le tube et l'on règle le débit du liquide pour obtenir une goutte toutes les dix secondes environ.

Quand tout l'éther a passé sur la farine, celle-ci est épuisée. On lave avec de l'éther la partie effilée du tube qui retient toujours un peu de matière grasse, au-dessus du vase à extrait. Le contenu de celui-ci est évaporé, puis placé pendant une heure à l'étuve à 100 degrés.

94. Acidité. — On prend un flacon bouché à l'émeri, de 12 centimètres de hauteur, correspondant à une contenance de 80 centimètres cubes environ, dans lequel on place 5 grammes de farine; on recouvre celle-ci de 20 centimètres cubes d'alcool à 90-95 degrés; le flacon bouché, après avoir enduit légèrement le rodage de vaseline, est alors agité à plusieurs reprises dans le courant de la journée. On laisse reposer pendant la nuit. De l'alcool surnageant on prélève 10 centimètres cubes correspondant à 2 grammes de farine et l'on en titre l'acidité au moyen d'une solution alcoolique de potasse cinquantième normale, en se servant de la teinture de curcuma comme indicateur.

La liqueur alcaline sera de préférence contenue dans une burette étroite et graduée de telle sorte que les dixièmes de centimètre cube soient très espacés et qu'il soit possible d'évaluer le demi-dixième. La liqueur sera versée goutte à goutte dans l'alcool coloré en jaune par quatre gouttes de curcuma jusqu'à obtention de la teinte chamois persistante. On aura soin de titrer l'acidité de l'alcool, qui sera retranchée du nombre de centimètres cubes trouvé.

95 Cendres. — L'incinération de 5 grammes de farine se fait dans une capsule de platine, à une température aussi basse que possible, rouge sombre tout au plus.

Après le départ de l'eau et la combustion de la matière organique, il se forme un champignon charbonneux très dur, qu'il faut laisser en cet état pendant environ une heure. Au bout de ce temps, ce charbon devient friable et facile à écraser avec le fil de platine, ce que l'on fait de temps en temps, jusqu'à disparition complète de points noirs.

La température peut dès lors être élevée sans inconvénient pendant quelques instants.

Les cendres ainsi obtenues sont blanches ou grises selon le taux de blutage des farines.

96. Analyse microscopique. — Cette analyse ne doit jamais se faire sur la farine directement, mais sur la partie amylacée de la farine qui s'échappe pendant le dosage du gluten et qui est recueillie dans la terrine, sous le tamis.

Quand le dosage du gluten est terminé, ou quand la malaxation d'un paton est faite, s'il s'agit exclusivement d'une analyse microscopique, on prend la terrine — avec la main, on met en suspension dans l'eau tout l'amidon qui s'est déposé au fond du vase et qui y adhère assez fortement, — on ajoute environ 1 centimètre cube de formol, pour éviter les fermentations, et l'on verse le tout, rapidement, en rinçant la terrine, dans un verre à pied de 750 centimètres cubes, puis on abandonne au repos pendant dix à douze heures.

Au bout de ce temps, la décantation est parfaite, la séparation de l'amidon ou des amidons s'est faite par ordre de densité. En examinant le dépôt amylacé, on constate qu'il est formé de trois couches distinctes.

La première, blanc grisâtre sans cohésion, comprend les globules d'amidon les plus petits et les plus légers, mélangés de débris cellulosiques de très faible grosseur.

La deuxième, d'un gris sale, glaireuse, contient les globules de grosseur moyenne, et le reste des débris cellulosiques en entier.

Enfin, la troisième, très blanche, très résistante, ne renferme que les gros amidons et les gros gruaux.

On incline le verre, on élimine l'eau surnageante, puis, doucement, on accentue l'inclinaison de façon à décanter successivement les trois couches qu'on examine en faisant sur chacune d'elles un certain nombre de préparations.

Pour cela, on prend avec une baguette de verre un peu d'amidon sur chaque couche, et l'on examine d'abord à un grossissement de 150-175 diamètres : puis, s'il y a hésitation dans la détermination de tel ou tel amidon, on porte le grossissement à 350 et même à 700 diamètres.

Tous les amidons, même les plus petits, sont faciles à caractériser avec un peu d'habitude, à 350 diamètres au maximum.

Le riz se présente toujours en grains simples, en grains composés et en gruaux ou agglomérations plus ou moins considérables de ces deux espèces de grains. Les grains simples d'amidon de riz et ceux qui constituent les grains composés sont pourvus d'un petit hile plus ou moins apparent.

Le maïs se présente en grains simples et anguleux et en gruaux très durs, se laissant difficilement désagréger. Chacun des grains simples et des granules qui constituent les gruaux est marqué d'un hile etoilé.

Les farines de riz finement blutées se retrouvent en presque totalité dans la couche médiane du dépôt ; les farines plus grossières se localisent dans les deux couches inférieures.

Les indications fournies par cette méthode devront être confirmées ou contrôlées par l'emploi d'un autre procédé consistant à recevoir les eaux amylacées provenant de la lixiviation du pâton de farine sur un tamis n° 240 qui livre passage à tous les grains simples d'amidon de blé et retiendra la plus grande partie des téguments et des débris cellulaires. On lave à grande eau, en le frottant avec les doigts, le résidu qui reste sur le tamis jusqu'à ce que l'eau de lavage soit tout à fait claire. La quantité de ce résidu permet d'apprécier le degré de blutage de la farine ; son examen microscopique permet de retrouver immédiatement la plus grande partie des gruaux de riz ou de maïs ajoutés frauduleusement : il peut en même temps révéler la nature des graines etrangères qui existent normalement dans les blés ou de celles qui y auraient été introduites dans un but de spéculation frauduleuse.

Le seigle se reconnait à ses grains pourvus d'un hile étoilé dont la proportion n'excède pas 8 à 10 pour 100, à certains globules plus volumineux et plus transparents que ceux de l'amidon du froment. L'allure du pâton pendant la malaxation, dans le cas de la présence du seigle, ainsi que l'analyse chimique confirment l'examen microscopique.

Il sera indispensable de s'exercer à l'examen des principaux amidons, qu'on prépare soi-même au laboratoire, avec des graines pures.

97. Pain. — Il est toujours préférable d'analyser, quand cela sera possible, les farines qui ont servi à préparer le pain ; mais l'examen de celui-ci pourra, dans certains cas, être rendu nécessaire. Si le travail de la panification et la cuisson modifient profondément les grains d'amidon de blé, on retrouve toujours parmi eux et surtout parmi les moyens une certaine quantité de globules qui sont peu altérés et qui ont conservé leur forme et leurs caractères primitifs.

Beaucoup de grains d'amidon de seigle peuvent même être distingués des grains d'amidon de blé à leur dimension et à la persistance de leur hile étoilé. Si les petits grains simples de riz peuvent être difficilement distingués des petits grains d'amidon de blé, il n'en est pas de même des grains composés dont l'apparence microscopique est à peine modifiée. Quant à l'amidon et aux gruaux de maïs, ils ont conservé dans le pain cuit à peu près la même apparence qu'ils avaient avant la cuisson.

Pour pratiquer l'examen microscopique du pain, il suffit, s'il est frais, d'en faire une boulette du poids de 10 grammes qu'on delaye, comme un pâton de farine, sous un mince filet d'eau. Si le pain est sec, on en pèse environ 10 grammes qu'on ramollit dans l'eau et que l'on délaye en le frottant entre les doigts sur le tamis n° 240, jusqu'à ce que l'eau de lavage soit bien claire. Si le pain est dur, on ne devra retrouver dans le dépôt des eaux amylacées que des grains d'amidon de blé plus ou moins déformés. Si le pain a été préparé avec des farines de froment additionnées de farines de riz ou de maïs, on retrouvera dans le dépôt des grains simples anguleux, hilés, d'amidon de maïs ou des grains composés d'amidon de riz qui seront tout à fait caractéristiques. Le résidu laissé sur le tamis par le pain pur ne doit contenir que des amas de gluten plus ou moins brunis par la cuisson et des débris cellulosiques provenant des téguments de blé ; dans le cas où le pain aurait été préparé avec des farines additionnées de riz ou de maïs, la plus grande partie des gruaux se retrouvera sur le tamis.

98. Pâtisseries. — Les points qui attireront plus spécialement l'attention sont :

La nature de la matière grasse employée :

Les substances colorantes;

Les antiseptiques ajoutés quelquefois aux jaunes d'œufs conservés.

(Voir les rapports spéciaux pour la recherche de ces substances.)

99. Pâtes alimentaires. — Elles doivent être faites avec du blé dur pur, *si l'étiquette le spécifie.* On ne doit donc pas rencontrer, dans ce cas, de riz ou de maïs.

Pour rechercher les farines étrangères, on broie finement les pâtes, on en fait un pâton avec de l'eau et on le traite comme on fait pour la farine. On opère la décantation des amidons et l'on examine au microscope comme il a été dit.

Dans les pâtes *aux œufs*, on pourra également rechercher la présence de l'acide borique et des fluorures.

100. Fleurages. — On vérifiera, par un examen microscopique, que le produit examiné ne renferme pas d'autres éléments que ceux indiqués par le nom sous lequel il est vendu, qu'il ne contient pas de moisissures et n'est pas envahi par les acariens.

On s'assurera, par l'examen des cendres, qu'il ne renferme pas de substances minérales ajoutées.

101. Chapelures. — Ces produits ne devant être constitués que par du pain pulvérisé, on y cherche les substances autres, telles que la sciure de bois, au moyen des méthodes décrites à l'analyse du pain.

TROISIÈME PARTIE

LE PAIN

102. Généralités. — La boulangerie est l'industrie qui transforme la farine en pain. Ce n'est pas une industrie agricole proprement dite, puisqu'elle ne travaille pas une matière première vendue par l'agriculteur. Mais beaucoup de fermes cuisent encore leur pain, et l'étude de la panification n'est pas sans intérêt pour les cultivateurs.

La transformation de la farine en pain comprend trois phases : le *pétrissage*, la *fermentation* et la *cuisson*.

CHAPITRE XI

PÉTRISSAGE DE LA PÂTE

103. Action du pétrissage. — Le pétrissage est l'action mécanique qui permet d'obtenir un mélange intime de *farine*, d'*eau*, de *sel*, de *levain* et de *bulles d'air*.

Pendant le pétrissage, la farine, d'abord difficilement mouillée par l'eau, forme peu à peu une pâte élastique. Les débris de gluten, primitivement isolés, se soudent et s'étirent en minces feuillets qui emprisonnent des grains d'amidon et des bulles d'air.

L'eau imbibe l'amidon, dissout le sel ajouté ainsi que les sucres (1 pour 100) et certaines matières minérales de la farine. En outre, l'eau répartit uniformément ces substances dans toute la pâte.

La farine a été étudiée dans les chapitres consacrés à la Meunerie. Notre examen portera donc sur l'eau, le sel, les levains et les procédés de mise en œuvre.

Nous ferons remarquer, toutefois, que la farine, surtout celle de cylindres, se comporte mieux à la panification quand elle s'est reposée pendant un mois après la mouture.

La farine se charge facilement d'odeurs, comme celle du pétrole, mais elle les perd rapidement quand on l'étale en couche mince à l'air.

Un tamisage avant l'emploi permet d'éliminer les ténébrions, pyrales, etc.

104. Choix de l'eau. — L'eau employée à la panification doit présenter tous les caractères des eaux potables. Avec 1 d'eau pour 2 de farine, on obtient des *pâtes dures*. Avec 2 d'eau pour 3 de farine, on obtient des *pâtes douces*, plus faciles à pétrir, donnant du pain mieux levé.

En d'autres termes :

Avec 33	d'eau pour	67	de farine	on obtient des pâtes	*dures.*
Avec 35	—	65	—	—	*bâtardes.*
Avec 40	—	60	—		*douces.*

Les pâtes dures sont employées dans les manutentions militaires; les pâtes bâtardes sont préférées par les boulangeries civiles.

Il faut éviter d'employer de l'eau trop chaude, surtout en été.

La température de l'eau doit être comprise entre 20°, en été, et 30°, en hiver. Le boulanger reconnaît au doigt que l'eau est tiède à point.

D'après M. Favrais, on doit chercher à donner à la masse en pétrissage une température moyenne de 20°. Suivant la température du levain, du fournil et de la farine, on emploiera, par exemple, de l'eau à 15° en été, et de l'eau à 25° en hiver.

105. Addition de sel. — Le sel donne à la pâte du goût et du corps. Un excès de sel retarde la levée; le pain trop salé prend une teinte grise et absorbe l'humidité de l'air. Les doses les plus employées sont comprises entre 0 kilogr. 500 et 1 kilogramme par 100 kilogrammes de farine. Le sel blanc convient mieux que le sel gris.

106. Travail des levains. — Le travail des levains constitue une des parties les plus délicates de l'art du boulanger.

Abandonnée à elle-même, une pâte tiède et molle fermente et donne, au bout de quinze heures, un levain qui fait rapidement développer la pâte fraîche. Ce levain spontané est rarement utilisé.

Dans les fermes, on emploie, soit du levain frais fourni par le boulanger, soit un levain réservé lors de la dernière pétrissée et vieux de 8 à 15 jours, soit, plus rarement, un levain préparé avec la levure de distillerie de grains.

Le soir, la fermière *rajeunit* son levain en le délayant avec de l'eau tiède, de la farine et du sel. Elle couvre de farine et emploie le lendemain matin le levain rajeuni (un dixième de la pétrissée environ) à la fabrication du pain.

Les boulangers, dont le travail est plus suivi, préparent différents levains : *levain chef*, *levain de première*, *levain de seconde* et *levain de tout point*.

Le levain chef est une portion de pâte de la dernière pétrissée, ou, encore, un mélange de farine, d'eau tiède et de raclures de pétrin.

Délayé avec de l'eau et un poids de farine double du sien, le chef donne le levain de première, qui, traité de la même façon, fournit le levain de seconde. Rafraîchi à son tour, le levain de seconde devient le levain de tout point Le tableau suivant donne une idée de la marche du travail .

APRÈS heures.	LEVAINS	EAU ajoutée.	FARINE ajoutée.	AUGMENTATION du poids du levain.	POIDS TOTAL du levain.
		Kg.	Kg.	Kg.	Kg.
0	Levain chef. . .	»	»	»	10
6	Levain de première. . . .	10	20	30	40
12	Levain de seconde.	20	40	60	100
14	Levain de tout point.. . . .	40	80	120	220
16	1re pétrissée. . .	»	»	»	»
18	2e pétrissée. . .	»	»	»	»

A Paris, par exemple, d'après Aimé Girard[1], on prélève le *chef* vers le milieu du travail, sur l'une des pétrissées de la nuit. On prépare le *levain de première* à six heures du matin, le *levain de seconde* vers deux ou trois heures de l'après-midi, le *levain de tout point* à cinq heures et le *pétrissage* commence à sept heures. Le boulanger fait d'habitude quatre à six fournées dans la nuit.

Pour passer d'une fournée à l'autre, deux procédés peuvent être suivis. L'un consiste à employer directement, à chaque fournée, une quantité déterminée de levain de tout point : c'est ce qu'on appelle *travailler sur levain*. L'autre, et cette méthode est préférable, consiste à laisser dans le pétrin une quantité notable de la pâte elle-même qui, fermentant peu à peu, une fois le pétrissage fini, en attendant la fournée nouvelle, peut à son tour jouer vis-à-vis de celle-ci le rôle de levain. C'est ce qu'on appelle *travailler sur pâte*.

1. *Dictionnaire d'Agriculture*. Paris. Hachette.

Suivant son degré de fermentation, le levain reçoit différents noms :

Levain *vert* : pâte peu fermentée, ferme :

Levain *jeune* : pâte fermentée, gonflée, tenace, odorante, à surface lisse :

Levain *fort* : pâte au maximum d'apprêt, surface gercée :

Levain *vieux* : pâte qui a dépassé son apprêt, aigre, molle, glaireuse.

D'après une notice du service des subsistances militaires, un *levain fort* a doublé de volume : sa surface est lisse et bombée ; il cède légèrement à la pression de la main ; mis dans l'eau, il surnage et conserve sa forme ; il exhale, lorsqu'on l'ouvre, une odeur un peu vineuse, mais sans aigreur marquée ; enfin, au délayage, il présente une certaine ténacité et l'aspect du tissu de l'éponge.

107. Appareil à préparer les levains. — Le tableau ci-dessus montre que la préparation d'un levain de tout point demande quatre opérations réparties sur un laps de temps de 14 heures.

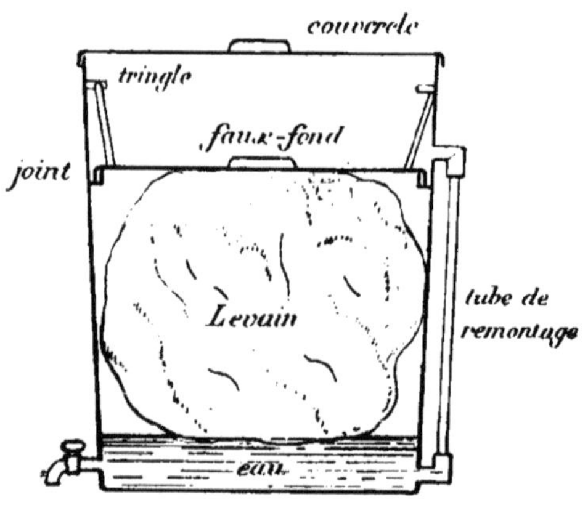

Fig. 85.
Appareil à préparer les levains.
(*Belloir et Berry*).

L'emploi d'un appareil à levain permet, avantageusement, de simplifier le travail en supprimant les levains de seconde et de tout point.

Le levain chef est mis à pointer dans une corbeille garnie d'un linge de toile replié sur la pâte.

Le levain de première, très ferme, est placé dans une sorte de marmite (fig. 85) et couvert d'une quantité d'eau égale à celle que l'on emploierait pour les levains de seconde et de tout point. Puis, sur un joint hydraulique, on pose un faux-fond qui est couvert d'une petite couche d'eau et calé avec trois tringles.

Ainsi placé en vase clos, le levain fermente. Il produit du gaz carbonique qui sature l'eau, puis qui remonte par un tube pour venir barboter dans la nappe d'eau qui couvre le faux-fond. A ce moment, le levain est assez fermenté pour servir au pétrissage de la pâte.

108. Pétrissage à la main. — Le pétrissage est réalisé à la main ou avec des appareils mécaniques.

Le pétrissage à la main s'effectue dans un *pétrin*, ou caisse en tronc de pyramide, posée sur des chantiers. Le pétrin mesure de 3 à 5 mètres de longueur, 0 m. 50 de profondeur, 0 m. 50 de largeur de fond et 0 m. 80 de largeur d'ouverture. Des planches inclinées permettent de le diviser en plusieurs compartiments : pâte, levain, farine. La *fontaine* est la partie vide qui touche la farine et dans laquelle on verse de l'eau (fig. 86).

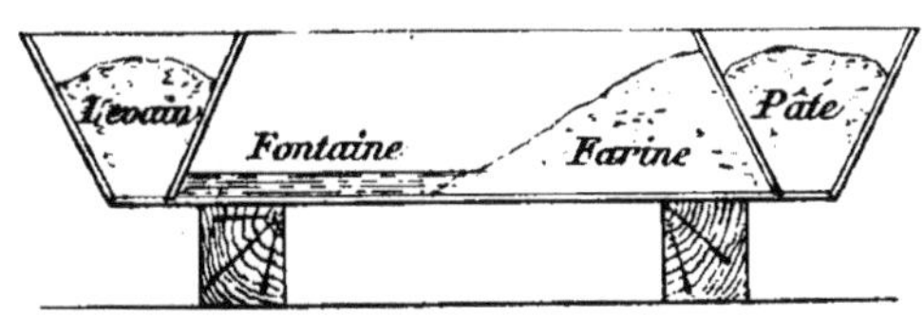

FIG. 86. — PÉTRIN.

Pour fixer les idées, nous dirons qu'avec 10 kilogrammes de farine, 6 litres d'eau tiède et 100 grammes de sel, on obtient de 13 à 14 kilogrammes de pain.

Le travail peut être divisé comme suit : *délayage*, *frasage*, *contre-frasage*, *soufflage*, *bassinage*, *pâtonnage*, *pointage*, *tournage*.

Un apprentissage est indispensable pour arriver à faire de bon pain, et les renseignements que nous donnons devront être suivis sur le vif.

Délayage. — La farine est placée sur la droite du pétrin. L'eau nécessaire est coulée dès le début et mesurée par seaux.

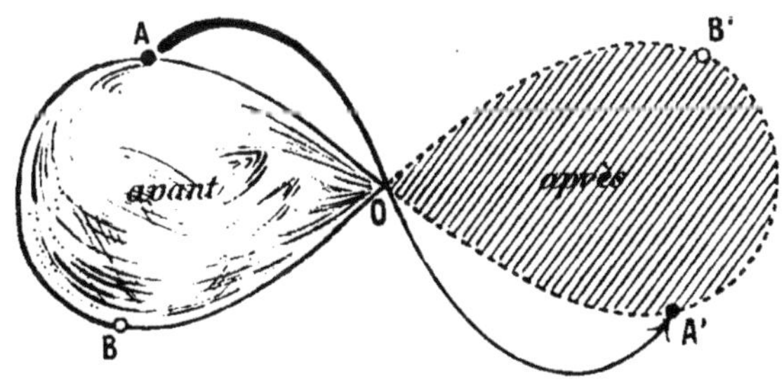

FIG. 87. — PRINCIPE DU FRASAGE EN PATE DURE OU CONTRE-FRASAGE.

La portion de pâte AOB *est* soulevée, *déplacée vers l'arrière et* retournée *bout pour bout dans un mouvement de huit qui amène* A *en* A', B *en* B'.

Le levain est écrasé en tenant les mains immergées, pour éviter le dégagement des gaz de fermentation. Le sel, dissous dans un seau d'eau, est ajouté à la fin du délayage.

Frasage. — Sur la délayure, on étend des nappes de farine qui sont successivement incorporées à la bouillie pour former une masse homogène. Les pelotes de farine, ou marrons, sont écrasées entre les doigts. Pour ce frasage en pâte claire, on utilise environ les deux tiers de la farine.

Contre-frasage. — Les parois du pétrin sont râclées au coupe-pâte (fig. 88) et on incorpore le troisième tiers de la farine jusqu'aux dernières portions.

FIG. 88. COUPE-PATE.

L'ouvrier se place de côté sur le pétrin, prend sur ses avant-bras une certaine quantité de pâte, la soulève, la retourne dans un mouvement de huit (fig. 87) et la rejette, en arrière. Il suit ainsi toute la longueur du pétrin, puis revient sur ses pas en continuant le même travail.

Quand ce frasage en pâte dure a donné une masse liée, on la renforce, s'il y a lieu, avec de la farine, ou on l'adoucit par addition d'eau.

Premier pâtonnage. — La pâte est détachée par portions et lancée vivement d'un bout à l'autre du pétrin.

Soufflage. — Les deux bras, assez rapprochés, sont enfoncés au fond du pétrin. La pâte est soulevée sur les avant-bras. Elle s'étire, s'élargit, et retombe devant l'ouvrier en emprisonnant une cloche d'air qui vient crever à la surface. On donne de 4 à 6 tours de soufflage à toute la pâte.

Second pâtonnage. — A plusieurs reprises, les morceaux de pâte ferme, détachés au coupe-pâte, sont lancés violemment sur le fond du pétrin. C'est le *battement* de la pâte. Enfin, les morceaux sont lancés de gauche à droite, puis ramenés au centre du pétrin.

Bassinages. — Les bassinages avec de l'eau salée, froide ou légèrement tiède, ne sont utiles que pour les pâtes trop fermes.

Durée du pétrissage. — En moyenne, les diverses opérations de pétrissage à la main demandent les temps suivants :

Délayage	5 à 5	minutes.
Frasage	7 à 8	—
Contre-frasage	5 à 6	—
Premier pâtonnage.	4 à 5	—
Soufflage.	6 à 7	—
Second pâtonnage	3 à 4	—
Total.	33 à 35	—

Dans son excellent *Manuel du Boulanger*, M. Favrais donne les chiffres suivants :

Levain chef.	60 à 65 kilogrammes.
Levure de grains.	50 à 100 grammes.
Eau.	50 litres.
Sel.	1 kg. 100
Farine	90 kilogrammes.

Le pétrissage de la pâte demanderait :

Fontaine, sel, levure, coulage d'eau.	5 minutes.
Délayage du levain	5 —
Premier frasage (72 à 75 kg. de farine).	5 —
Contre-frasage (13 à 16 kg. de farine)..	10 —
Ratissage, allongeage et soufflage	10 —
Dernier frasage (1 à 2 kg. de farine).	5 —
Pâtonnage, prélèvement de levain.	5 —
Total.	45 minutes.

D'après le même auteur il faut :

1° Eviter de trop saler la pâte pour ne pas entraver le travail du ferment ;

2° Ne jamais couler d'eau trop froide ni trop chaude ;

3° Éviter l'action trop directe des courants d'air froid qui croûtent la pâte ;

4° Ne laisser pointer la pâte que le temps nécessaire, pour que le gluten ne se désagrège pas ;

5° Bassiner la pâte trop coriace avec un peu de levure bien délayée ;

6° Bassiner avec un peu de sel fondu dans de l'eau presque froide la pâte qui manque d'élasticité.

Une pâte a été bien travaillée quand elle s'allonge sans se briser et quand elle ne garde pas l'empreinte de la main fortement appuyée.

Pointage. — La pâte est laissée au repos pendant 15 à 30 minutes. La fermentation devient active. Lorsqu'au toucher la pâte, suffisamment ramollie, est arrivé au *point d'apprêt*, on la divise en pains.

Tournage. — Les blocs de pâte, roulés et tournés en pains de diverses formes (pain rond, pain long, couronne, etc.) sont placés dans des panetons garnis de toile et saupoudrés de *fleurage* (remoulage, sciure de bois, etc.). La perte au four dépend du volume du pain et de la proportion de croûte. On compte 2 kg. 350 de pâte pour un pain de 2 kilogrammes, et 1750 grammes de pâte pour un pain de 1 kg. 500. La perte moyenne est de un sixième ; elle est d'autant plus faible que les pains sont plus gros.

Les pâtons sont couverts avec des sacs ou des toiles que l'on appelle des *couches*. On donne aussi le nom de *couches* aux toiles sur lesquelles, à défaut de panetons, on pose la pâte.

Le mot d'*apprêt* désigne à la fois l'état d'une pâte suffisamment fermentée et le temps nécessaire à la production de cet état. L'*apprêt sur couches* désigne la fermentation de la pâte travaillée et divisée en pains.

109. Pétrissage mécanique. — Le pétrissage à la main est très pénible et entraîne des malpropretés forcées, le mélange de la sueur au pain, par exemple. Ces deux inconvénients disparaissent avec les pétrins mécaniques. Bien conduites, ces machines fournissent un excellent travail, mais elles sont coûteuses et exigent souvent l'emploi d'un moteur.

Comparé au pétrissage à la main, le pétrin mécanique est plus avantageux en ce qui touche le temps, la main-d'œuvre et

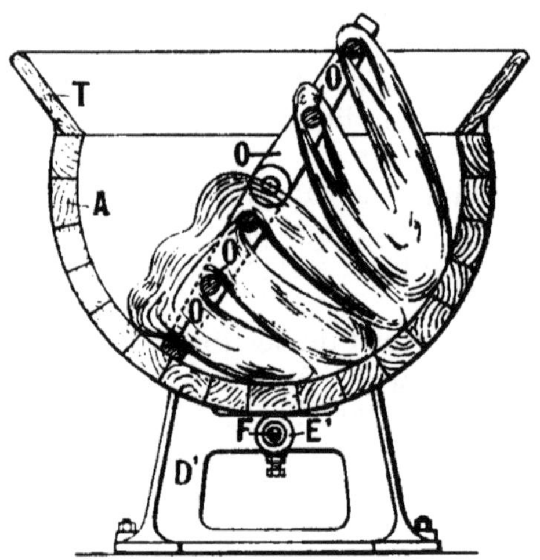

FIG. 89. — PÉTRIN CHRISTOFLEAU.

Dans une cuve A, en bois, hémicylindrique, on verse par une trémie T la farine, l'eau, le sel et le levain. Pour évacuer la pâte préparée, on fait tourner la cuve sur des galets E'.

le rendement. L'économie de temps atteint 15 minutes par pétrissée; un boulanger remplace deux ou trois *geindres*, et le rendement en pain, pour la même quantité de farine, augmente de 2 à 4 pour 100.

Le pétrin devient particulièrement utile quand il faut obtenir une forte production de pains uniformes sur pâtes fermes (Hospices, Manutentions, Grands Magasins, etc.).

L'emploi des pétrins mécaniques se vulgarise assez rapidement dans les villes.

D'après M. Schielde-Treherne, les pétrins mécaniques peuvent être répartis en trois groupes :

1er *Groupe. — Pétrins à cuve rectiligne, trapézoïdale ou hémicylindrique, fixe ou mobile.*

Dans les machines de ce groupe, l'auge reste ordinairement

FIG. 90. — PÉTRIN BOLAND.

immobile pendant le pétrissage qui est effectué par des lames en hélice diversement contournées. Puis, à la fin de l'opération, l'auge peut basculer sur deux tourillons pour évacuer la pâte préparée.

Exemples : Pétrins Boland, Didier, Ligné, [Borbeck, Mahot, Dumas, Werner et Pfleiderer, Perrein, Christofleau (fig. 89), etc.

2me *Groupe. — Pétrins à cuve circulaire ou annulaire, fixe ou mobile.*

L'auge est ordinairement animée d'un mouvement de rotation qui amène progressivement la pâte en contact avec des palettes qui tournent sur elles-mêmes pour fraser et souffler la pâte.

Fig. 91. — Pétrin Deliry.

K, poulie folle et poulie motrice; C, auge qui tourne sous l'action d'une couronne dentée placée au-dessous; H, H', lames en hélice qui soulèvent et retournent la pâte; F, fourche qui découpe la pâte.

Exemples : Pétrins Deliry (fig. 91), Chiris, Guiou, Lugua, Guirous et Duguay, etc.

3me *Groupe. — Pétrins divers.*

Dans le pétrin Brisson, un piston percé de trous se meut dans un cylindre clos. Sur l'un, puis sur l'autre fond du cylindre, la pâte est comprimée et passe dans les trous du piston.

Le pétrin Lecart est un simple tonneau qui roule sur des galets.

Les pétrins mécaniques sont beaucoup plus employés par les grandes boulangeries industrielles que par les exploitations agricoles; dans cet ouvrage, destiné surtout aux agriculteurs, nous n'aborderons pas la description détaillée des divers modèles.

CHAPITRE XII

FERMENTATION DE LA PÂTE

110. Effets de la fermentation. — Employée seule, la levure de distillerie de grains provoque une fermentation alcoolique régulière. Le sucre de la farine est détruit; il se dégage de l'alcool et du gaz carbonique. Cependant, une addition de sucre cristallisé retarde la levée au lieu de l'activer. Au surplus, la méthode des cultures pures montre que la pâte non ensemencée renferme toujours des bactéries.

D'après M. Boutroux, la levûre alcoolique est toujours présente dans le levain de pain. Elle s'y cultive de pâte en pâte et envahit toute la masse pétrie. Ensemencés seuls, les autres

FIG. 92. — PELLES ET BANNETONS.

microbes trouvés dans la pâte cessent de la faire lever après le 2me ou le 3me passage. Ils sont inutiles ou nuisibles. Dans une pâte additionnée d'acide tartrique, la levure se développe et provoque une bonne fermentation de la pâte. La levure est donc l'agent essentiel et suffisant de la fermentation panaire.

La petite quantité de sucre mise en œuvre se compose de celui qui préexistait dans la farine (1 pour 100) et de celui qui a pu prendre naissance au contact de l'eau par saccharification de quelque hydrate de carbone plus attaquable que l'amidon.

Dans les vieux levains (levains des fermes), les bactéries prédominent; elles attaquent surtout le gluten qui se colore pendant la cuisson.

Les boulangers sont conduits à rafraîchir de temps en temps les levains chefs en les mélangeant, dès leur formation, avec de la pâte fraîche sans levain. Le sucre de cette pâte

Fig. 93. — Four ancien.

active le développement de la levure alcoolique qui peut reprendre un rôle prépondérant dans la fermentation.

111. Mise en couches. — La pâte commence à fermenter dès l'incorporation du levain, c'est-à-dire pendant tout le temps du pétrissage.

Les panetons remplis de pâte sont empilés par couches successives dans un local à douce température. La fermentation se poursuit, et, quand sous la pression des doigts la pâte présente assez d'*apprêt*, on procède à l'enfournement. La durée de l'apprêt sur couches varie de 45 à 60 minutes.

CHAPITRE XIII

CUISSON DE LA PÂTE

112. Effets de la cuisson. — Les bulles de gaz carbonique et d'air emprisonnées dans la pâte se dilatent rapidement sous l'action de la chaleur. Elles distendent le gluten qui se coagule bientôt et les emprisonne. Ces bulles donnent les yeux du pain.

L'amidon, transformé en empois par l'eau chaude qui l'imbibe, laisse après refroidissement de fins granules enchâssés dans de minces feuilles de gluten.

Pendant la cuisson, le pain gonfle et s'entoure d'une croûte qui le rend plus maniable et qui retarde la dessiccation.

113. Marche de la cuisson. — La pâte est renversée sur une pelle saupoudrée de fleurage (remoulages, sciure de bois, etc.).

FIG. 94. — COUPE LONGITUDINALE D'UN FOUR MODERNE.

S, sole inclinée; C, voûte surbaissée; KO, houra; T, trappe; M, cheminée.

On donne souvent quelques traits de couteau à la surface. D'un coup sec, le pain est déposé dans le four.

Le pourtour, saisi par une température de 250 à 300 degrés,

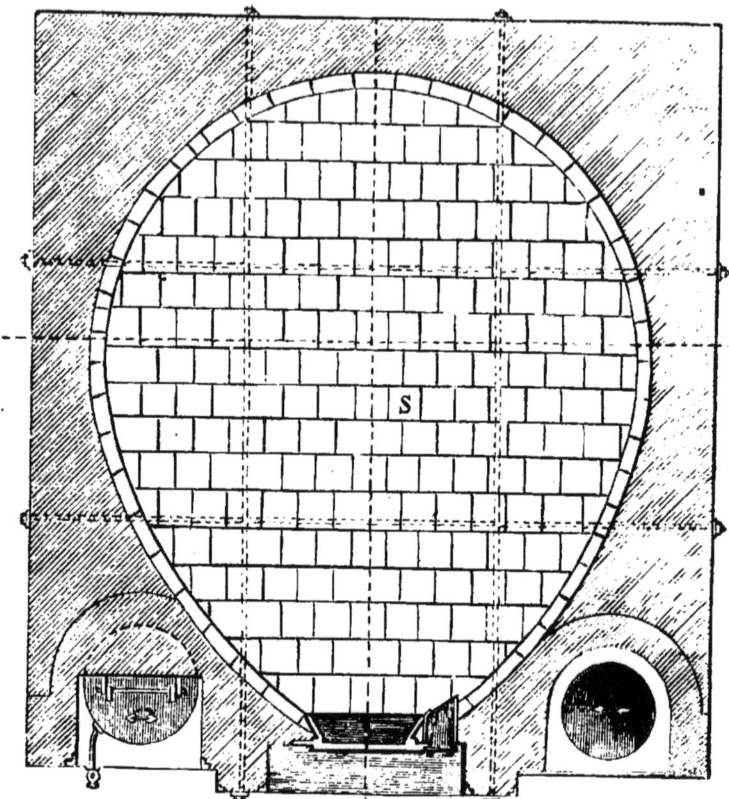

Fig. 95. — Coupe horizontale d'un four moderne.

Fig. 96. — Vue de face d'un four moderne.

se transforme en croûte. La mie ne doit pas dépasser 101 à 102 degrés pour ne pas s'effriter par refroidissement.

La chaleur doit baisser assez vite après la mise au four, afin d'éviter la dessiccation de la mie. Pour cette raison, les étuves à température constante ou trop persistante, comme les fours Lamoureux, chauffés par serpentins de gaz, se sont peu répandues.

La durée de la cuisson varie de 40 à 70 minutes, suivant l'état du four, le volume des pains, le degré de dessiccation recherché. Les pains défournés doivent se refroidir lentement, sur le côté, pour éviter les gerçures de la croûte.

114. Fours intermittents. — Les fours des fermes sont souvent trop hauts. La chaleur ne se concentre pas assez sur les pains (fig. 93). En outre, l'air et les gaz de la combustion se croisent et se contrarient dans la bouche du four.

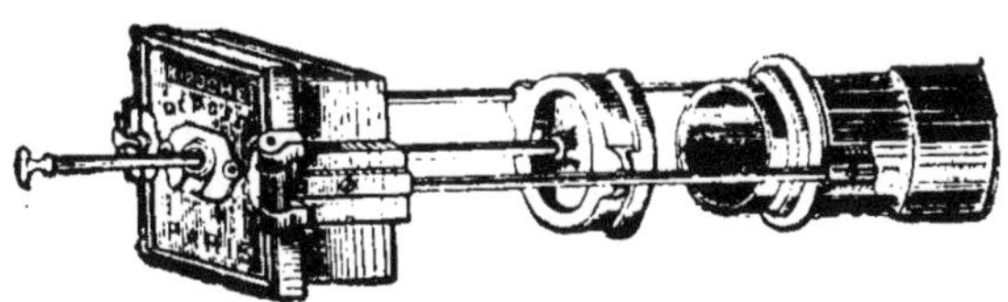

Fig. 97. — Houra de façade.

Les cultivateurs français utilisent de plus en plus le pain de blé fabriqué par le boulanger. Les anciens fours sont délaissés. Une statistique des fours pouvant cuire du pain pourrait cependant rendre des services en cas de mobilisation.

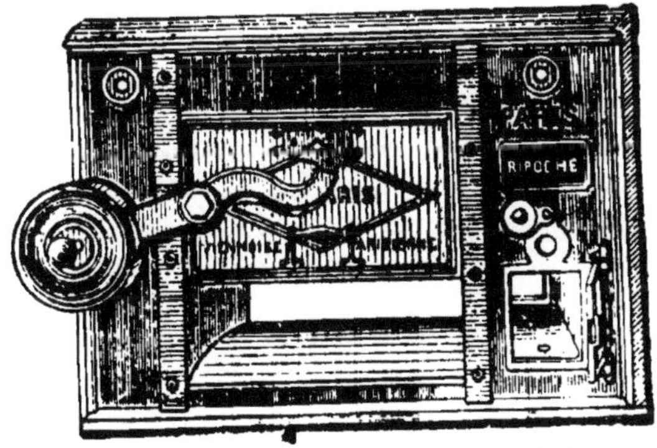

Fig. 93. — Bouche de four a balancier.

Les fours modernes sont surbaissés (fig. 94). La sole S est une surface plane, de contour elliptique, inclinée du fond vers la bouche. Du fond de la voûte part un tuyau en fonte qui évacue la fumée et les gaz chauds. Pendant la cuisson, ce tuyau, appelé *houra* (fig. 97), est fermé avec un tampon.

Le four est construit en briques. La sole est formée de larges carreaux posés sur du mâchefer ou sur du gros gravier qui gardent la chaleur. La porte à gonds, qui prend beaucoup de place, est remplacée par une porte à coulisse qui glisse horizontalement ou verticalement le long du mur (fig. 98).

On chauffe les fours avec du bois placé sur la sole ou avec de la houille brûlée dans un foyer extérieur. L'emploi des bois de démolition, souvent souillés de peintures toxiques, est interdit à Paris. Les charbons sont reçus dans un étouffoir (fig. 99).

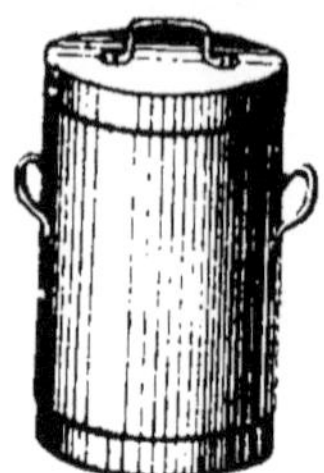

Fig. 99. Étouffoir.

Un four est assez chaud quand la voûte, qui était noire, devient entièrement blanche. En frottant un morceau de bois sur la sole ou en y jetant un peu de fleurage, il doit jaillir des étincelles.

Un four trop chaud forme rapidement une croûte dure ou brulée qui retient l'eau dans la mie. Dans un four qui n'est pas assez chaud, le pain est desséché avant d'être cuit.

On compte qu'il faut 300 grandes calories pour cuire un kilogramme de pain.

Appareil à buée. — Pour donner aux pains de luxe une jolie couleur dorée, il faut éviter le rayonnement trop intense de la voûte du four. On obtient de bons résultats par écouvillonnage avec un linge mouillé qui remplit le four de vapeur d'eau.

Un appareil très simple, dit *appareil à buée* (fig. 100), permet d'envoyer facilement des jets de vapeur dans le four à pain.

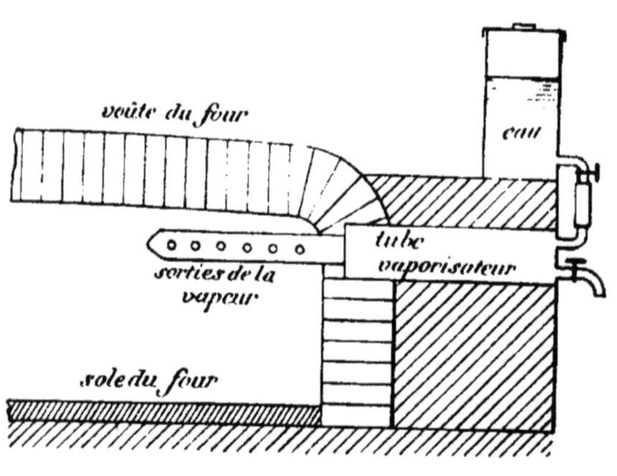

Fig. 100. — Appareil à buée.

115. Fours continus. — En principe, un four continu se compose d'un plateau horizontal qui peut tourner ou glisser dans une cornue en fonte ou en terre réfractaire (fig. 101). La cornue est chauffée, à l'aide d'un foyer indépendant quelconque, soit par circulation d'air chaud dans des tuyaux (Rolland), ou dans un moufle (Carville), soit par circulation de vapeur surchauffée (Jolly).

La mobilité du plateau permet de placer la pâte dans le four à mesure qu'on retire les pains cuits.

Les fours continus donnent de bons résultats, mais ils ne sont avantageux que pour la cuisson ininterrompue de grandes quantités de pâte.

116. Ressuage et durcissement du pain. — Les recherches de Boussingault, Balland, Boutroux, etc. ont fait connaître les transformations spontanées du pain laissé à l'air.

Dans le four, la croûte du pain et l'atmosphère sont à 300° tandis que la mie reste à 100°. L'eau de la croûte s'évapore à l'extérieur en même temps qu'elle distille, en partie, vers l'intérieur du pain, de sorte que la mie du pain sortant du four renferme la même proportion d'eau que la pâte au moment de la mise au four. C'est le *pain tendre* dont la mie est élastique et la croûte cassante.

Laissé à l'air, le pain se refroidit. Quand la croûte est devenue plus froide que la mie, les conditions sont inverses de celles réalisées dans le four. L'eau intérieure distille vers la croûte qui est ramollie et émet de la vapeur d'eau. C'est le *ressuage* du pain qui produit le *pain rassis*.

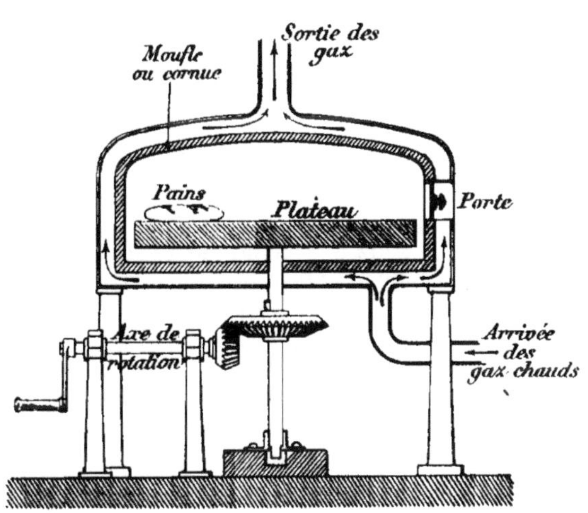

FIG. 101. — PRINCIPE THÉORIQUE D'UN FOUR CONTINU.

Pendant le refroidissement, l'amidon se transforme partiellement en une dextrine qui se solidifie en masses blanches.

Le ressuage est effectué sur des étagères à claire-voie où le pain reste sur champ pendant une quinzaine d'heures. Un pain qui, au défournement pesait 1550 grammes ne pèse plus que 1500 gr. quand il a ressué.

Si l'on chauffe à nouveau du pain rassis dans un four, la croûte perd de l'eau qui est en grande partie gagnée par la mie : celle-ci redevient molle et un peu élastique.

Le pain frais renferme 40 pour 100 d'eau. Laissé à l'air, il se dessèche progressivement pendant une quarantaine de jours jusqu'au moment où sa proportion d'eau est descendue à 12 ou 14 pour 100.

CHAPITRE XIV

PROCÉDÉS DIVERS — QUALITÉS ET DÉFAUTS DES PAINS

De nombreuses modifications ont été proposées au procédé ordinaire de fabrication du pain. Nous en retiendrons seulement deux : le *pain sans levain* et le *procédé Mège-Mouriès*.

117. Pain sans levain. — Les yeux du pain proviennent de la dilatation des bulles de gaz carbonique. Ce gaz peut être incorporé à la pâte sans provenir d'une fermentation. On y arrive de plusieurs façons.

Procédé anglais. — Dans des cylindres clos, la pâte fraiche est malaxée avec de l'eau de seltz à 7 kilogrammes de pression. La pâte, gonflée de bulles, doit être cuite avec beaucoup de précautions. Le pain obtenu (*aerated Bread*) est très poreux. Il se dessèche vite et manque de saveur.

Procédé allemand. — On incorpore à la pâte du chlorhydrate d'ammoniaque et du bicarbonate de soude. Par réaction mutuelle, ces deux corps donnent du sel marin et du bicarbonate d'ammoniaque, très volatil. Le pain obtenu a les mêmes défauts que le précédent.

Procédé de la farine boulangère. — La poudre boulangère est un mélange de farine, d'acide tartrique et de bicarbonate de soude. Pendant le pétrissage, le contact s'établit entre ces corps et des bulles de gaz carbonique apparaissent dans la pâte. Aux colonies, où il est difficile de se procurer du levain, cette poudre permet de préparer du pain poreux.

118. Procédés Mège-Mouriès. — Mège-Mouriès, qui a découvert la céréaline, a proposé deux procédés pour éviter l'action colorante de cette diastase sur la farine et pour augmenter le rendement du blé en pain.

Le premier procédé consiste à employer, pour le pétrissage, de l'eau alcoolisée provenant d'une solution de glucose laissée en fermentation pendant 12 heures. L'alcool anéantit les effets de la céréaline.

Dans le second procédé, on divise, au moulin, la farine en trois lots : 40 % de farine fleur ; 35 % de farine deuxième ; 5 % de farine bise, plus ou moins chargée de son. Le levain de tout point est préparé avec la farine première. La farine bise est délayée dans l'eau tiède nécessaire à la pétrissée. On tamise l'eau laiteuse et on l'emploie au délayage du levain et de la farine deuxième. Le blé arrive ainsi à rendre 80 % de farine panifiable.

119. Valeur nutritive du pain. — Le *pain complet* renferme des débris de son. Il est noir, visqueux et indigeste. Il est riche en matières azotées et en phosphates, mais ces corps ne s'y trouvent pas sous une forme assimilable. La couleur foncée permet de masquer diverses falsifications. Ce pain doit être absolument délaissé.

Le *pain bis* est moins digestible et, à poids égal, il laisse dans l'organisme moins de matières azotées et de phosphates que le *pain blanc*.

Il n'est pas nécessaire cependant d'avoir du pain très blanc. Celui des farines à 72 pour 100 de rendement est suffisant.

Le *pain de levure*, ou pain de luxe, présente des yeux petits, nombreux, uniformes. Le *pain de levain* a des yeux de différentes dimensions, quelques-uns très grands.

Le *pain azyme* est du pain sans levain.

Dans un *bon pain*, la croûte inférieure est légèrement brune, bien formée; elle rend un son clair quand on la frappe avec les doigts. La croûte supérieure adhère à la mie; elle est lisse, fine, froment foncé, sans soufflures ni crevasses. La mie, blanche ou légèrement jaunâtre, est très élastique, parsemée de cavités assez régulières, comme dimensions et répartition. Le pain insuffisamment cuit trempe mal la soupe et donne du bouillon laiteux. Un pain peut être brûlé à la surface et mal cuit à l'intérieur.

En s'appuyant sur les travaux de Voit, Meyer, etc., M. Boutroux formule les conclusions suivantes :

1° Le pain seul ne peut suffire à l'alimentation de l'homme. Il renferme tous les principes alimentaires et se rapproche le plus de l'aliment-type. Mais un homme n'en peut ingérer plus de 1000 grammes par jour, alors qu'il en faudrait 1500 grammes pour réparer les pertes physiologiques.

2° Le pain le plus léger est le meilleur. C'est celui dont les principes sont le mieux utilisés par l'organisme. Plus le pain est compact, pour une cause quelconque, excès de son ou défaut de pétrissage, moins il nourrit.

3° Le pain bis bien levé n'est pas plus nourrissant, à poids égal, que le pain blanc. Mais on peut consommer plus de pain bis que de pain blanc et le premier fournit les principes utiles à meilleur compte que le second.

4° La bonne mastication est plus facile avec le pain rassis qu'avec le pain frais ou avec le pain dur. La division mécanique, obtenue par la mastication ou par le trempage du pain sous forme de soupe, facilite beaucoup l'assimilation des principes *nutritifs*.

120. Altérations du pain. — La température de 100 à 102°, à laquelle est portée la mie du pain, tue beaucoup de microbes, mais elle ne les tue pas tous. La mie de pain n'est donc pas un milieu stérile.

Le pain obtenu avec du levain est plus acide et de meilleure conservation que le pain sur levure. L'acidité par kilogramme peut atteindre l'équivalent de 1 à 2 grammes d'acide sulfurique.

Quand le pain reste en milieu humide, il est rapidement envahi par des moisissures :

Taches blanches du *Mucor mucedo* ;

Taches vertes du *Penicillium glaucum* ou de l'*Aspergillus glaucus* ;

Taches noires du *Rhizopus nigricans*.

Certains microbes peuvent aussi produire des taches dans la mie : taches rouges du *Micrococcus prodigiosus* ; taches violettes du *Bacillus violaceus*, etc.

Le pain ne doit guère être conservé plus de huit jours. La conservation est facilitée par une croûte épaisse et sans fissure. Il importe aussi de placer le pain à l'air sec, sur une étagère à claire-voie.

121. Falsifications du pain. — Le boulanger peut frauder la farine, tout comme le meunier.

En outre, il peut incorporer à la pâte divers produits qui augmentent le rendement ou masquent certains défauts.

Ainsi, la farine de riz fixe dans le pain un excès d'eau.

Le sulfate de cuivre, même en petite quantité, agit de deux façons : il favorise la fermentation de la pâte et donne une pousse normale aux farines lâchantes ou avariées qui poussent plat ; il fait retenir au pain plusieurs kilogrammes d'eau par 100 kilogrammes de farine.

L'alun agit de la même façon, et, en outre, il blanchit la pâte.

La mie de pain qui renferme du sulfate de cuivre devient noire sous l'action du sulfhydrate d'ammoniaque.

Les cendres du pain aluné, chauffées avec du chlorure de cobalt, prennent une coloration bleue.

122. La consommation du pain. — On admet qu'en France la consommation moyenne est de 3 hectolitres de blé par tête et par an, ce qui représente, en poids, 80 kilos $\times 3 = 240$ kilogrammes de blé.

Sans erreur appréciable, on estime qu'un kilogramme de blé donne, après mouture et panification, un kilogramme de pain.

La consommation individuelle moyenne serait donc de 240 kilogrammes de pain par an ou de 20 kilogrammes par mois.

Comme on obtient 4 kilogrammes de pain avec 3 kilogrammes de farine, il en résulte que, dans les approvisionnements, il faut compter 20 kilogrammes × trois quarts = 15 kilogrammes de farine par habitant et par mois.

123. La taxe du pain. — Les lois du 14 août 1789, 16 août 1790 et 2 mars 1791 avaient imposé au commerce de la boulangerie de nombreuses obligations relatives aux approvisionnements de réserve, à la limitation du nombre des boulangers, au système de compensation des prix et à la taxe du pain.

Le décret du 22 juin 1863 a supprimé la plupart de ces dispositions. Toutefois, la *taxe officielle,* résultant d'un article de la loi de 1791 peut encore être appliquée par les maires.

Dans beaucoup de villes, on adopte une *taxe officieuse,* d'après laquelle les boulangers affichent ostensiblement leurs prix de vente, relevés par un agent de l'autorité.

Les maires peuvent astreindre les boulangers à peser le pain. La tromperie sur la quantité des choses livrées constitue un délit prévu par la loi du 27 mars 1851 et puni par l'article 423 du Code pénal.

La question du pain de fantaisie est jugée par l'arrêt de la Cour d'appel de Paris, du 12 février 1908, qui admet le boulanger à prouver les conventions particulières avec les clients, les dispensant de faire le poids pour des raisons particulières, de goût ou de santé, exigeant le pain très cuit.

Pour le pain ordinaire, le pesage doit être fait, mais seulement à la vente et à la livraison. La simple exposition et mise en vente d'un pain déficitaire ne saurait être un délit, ainsi que l'a décidé récemment la Cour d'appel de Bordeaux dans un arrêt du 19 mars 1908.

Une tolérance de 25 grammes par livre est souvent accordée par les municipalités.

Enfin, le contrôle du Service des Fraudes s'exerce sur la pureté des matières premières mises en œuvre et sur la salubrité du pain vendu.

124. Prix du pain. — Le *prix du pain* varie avec le prix du blé, le rendement de farine à la mouture, les frais de fabrication. En moyenne, 100 kilogrammes de blé rendent 72 kilogrammes de farine qui permettent d'obtenir 100 kilogrammes de pain. Le travail de 100 kilogrammes de farine rend de 133 à 140 kilogrammes de pain.

Au point de vue agricole, il est nécessaire que le blé se vende à un prix rémunérateur, mais, au point de vue humanitaire, il importe que le prix du pain, aliment de première nécessité en France, n'atteigne pas des chiffres trop élevés. En 1789, le 5 et le 6 octobre, le peuple de Paris allait à Versailles réclamer du pain. Dans le cours du XIXe siècle, à Paris, le prix du pain de quatre livres s'est élevé trois fois au-dessus de 1 franc et chaque fois le peuple s'est révolté (1830, 1848, 1871). La dernière année de *pain cher* remonte à 1897 (0 fr. 90 les 2 kilogrammes). Ce ne sont là, sans doute, que de simples coïncidences, mais elles valent pourtant d'être signalées.

La France est sur le point de se suffire régulièrement en blé. Ce moment serait encore plus vite atteint si le gouvernement pouvait, comme il l'a déjà fait pour la vigne et pour le vin, organiser des stations d'études pour l'amélioration des blés.

125. Les pâtisseries villageoises. — Les pâtisseries villageoises se ramènent à deux types principaux de pâte : la *pâte feuilletée* et la *pâte brisée.*

La **pâte feuilletée** sert à préparer la galette sèche, le vol-au-vent, les chaussons aux pommes, etc.

Pour obtenir la pâte feuilletée on prend :

500 grammes de farine ;
500 grammes de beurre frais ;
250 grammes d'eau froide ;
10 grammes de sel.

La farine est placée dans un plat creux : on évase une fontaine au milieu. On verse l'eau et le sel par portions ; on délaye avec soin pour former une pâte ferme, pétrie avec la paume de la main pour l'assouplir et la lisser.

Sur une table, avec un rouleau de bois, on étend la pâte en couche mince, rectangulaire, d'un centimètre d'épaisseur. La moitié du beurre à employer est étendue sur la pâte qui est ensuite repliée en trois suivant sa longueur, puis encore en trois suivant sa largeur.

Avec le rouleau, on presse légèrement et progressivement, de façon à reformer une couche rectangulaire de pâte semblable à la première.

On étend la seconde moitié du beurre et on replie comme précédemment.

A trois reprises, on écrase ensuite la pâte au rouleau pour former une couche rectangulaire repliée en trois suivant la longueur et en trois suivant la largeur, comme la première fois.

Si le beurre était trop dur, il serait nécessaire de le ramollir par malaxage dans un peu d'eau tiède. La pâte obtenue est laissée au repos pendant 15 minutes ou employée immédiatement.

La galette au fromage est obtenue en remplaçant, dans la préparation précédente, le beurre par du fromage blanc bien égoutté.

La **pâte brisée** sert à préparer toutes les tartes aux fruits (prunes, pommes, poires, fraises, etc.), et tous les pâtés en croûte (lièvre, alouettes, etc.).

Pour obtenir la pâte brisée on prend :

500 grammes de farine ;
200 grammes de beurre frais ;
2 œufs frais :
10 grammes de sel.

On place la farine dans un plat creux. Au centre, on ménage une fontaine dans laquelle on verse le sel, un peu d'eau tiède, deux œufs avec leurs blancs et leurs jaunes et la totalité du beurre. On pétrit le tout ensemble. S'il reste quelques grumeaux de farine, on mouille très légèrement avec de l'eau tiède. La pâte, très ferme, doit avoir une belle couleur jaune.

On l'étend une seule fois avec le rouleau.

Mise au four sans autre addition, cette pâte donne la *galette brisée.*

La *galette aux pommes de terre* est obtenue en mélangeant des poids égaux de pommes de terre cuites sous la cendre et passées au presse-purée, de farine de froment et de beurre. On ajoute de l'eau en très faible quantité, seulement pour dissoudre le sel. La pâte est étendue une seule fois et mise au four.

Le *pâté aux œufs et au hachis* est obtenu en délayant la farine avec de la graisse fondue. On incorpore à la graisse tout ce qu'elle peut absorber de farine de façon à former une pâte dure. On étend au rouleau. Sur la pâte, on dispose une ligne de hachis et d'œufs durcis coupés en gros morceaux. On recouvre le tout avec la pâte dont les deux bords sont réunis en cordon.

CHAPITRE XV

BOULANGERIES COOPÉRATIVES RURALES

126. Organisation des boulangeries coopératives rurales. — Les boulangeries coopératives rurales sont nombreuses dans certains départements de l'Ouest, comme la Vendée, les Deux-Sèvres, la Vienne et la Charente.

Suivant leur forme légale, les boulangeries coopératives rentrent dans l'un des types ci-après :

1° Société civile particulière, régie par les articles 1841 et suivants du Code civil, forme la plus couramment adoptée. (Voir plus loin les statuts de la boulangerie coopérative de Gélos) ;

2° Société anonyme à capital et personnel variables (articles 20 et suivants du Code de Commerce) : Boulangerie de Montchanin-le-Haut (Saône-et-Loire) ;

3° Société civile en commandite simple (article 23 et suivants du Code de Commerce) : Boulangerie de Rochecorbon (Indre-et-Loire).

Enfin, certains coopérateurs pensent que la loi du 1er juillet 1901, qui réduit beaucoup les formalités de constitution, peut faciliter la fondation des boulangeries coopératives.

La plupart des boulangeries coopératives rurales sont établies au capital de 5000 à 10000 francs, divisé en parts de 10, 20 ou 25 francs. Souvent, les statuts prévoient le remboursement progressif des parts.

Beaucoup de boulangeries rurales échangent le pain contre du blé sur la base de 65 kilogrammes ou de 68 kilogrammes de pain pour un hectolitre de blé de 80 kilogrammes. Dans les Charentes, le décompte des pains livrés est établi au moyen de bons individuels confiés à l'avance à l'intéressé contre une certaine mise de garantie.

Ces bons sont déposés à la coopérative au fur et à mesure des achats. Le prix du pain est calculé et payé à la fin de chaque mois.

L'écart des prix entre les boulangeries coopératives et les boulangeries commerciales varie de 5 à 8 centimes par kilogrammes de pain. Le bénéfice procuré par la coopérative est de 10 à 12 francs par personne et par an.

Au lieu de vendre au plus bas prix possible, les coopératives agissent sagement en vendant seulement un peu au-dessous des prix du commerce. De cette façon, elles constituent un boni annuel divisé en plusieurs parties : ristourne aux acheteurs, gratification au personnel, remboursement de parts, fonds de réserve.

Beaucoup de boulangeries rurales étendent leurs opérations sur un rayon de 4 à 8 kilomètres et limitent à 250 ou 300 le nombre de leurs membres, de façon que le pain puisse être préparé par un seul ouvrier.

D'après M. Rivet, il serait préférable d'accroître l'importance de chaque boulangerie coopérative rurale jusqu'à l'emploi d'un pétrin mécanique et de fours perfectionnés. Les sociétés réaliseraient ainsi de nouvelles économies très appréciables.

Il ne faut pas oublier que le développement des boulangeries coopératives est entravé par les patrons boulangers et par les minotiers. Suivant M. Vimeux, le but que ces sociétés doivent chercher à réaliser le plus tôt possible, « c'est leur groupement en de puissantes fédérations qui seront les créatrices de *moulins coopératifs*. Et c'est alors seulement qu'elles auront acquis vraiment la force et l'indépendance nécessaires à leur essor ».

127. Statuts d'une boulangerie coopérative rurale « La Prévoyante » de Gelos (Basses-Pyrénées).

Article premier. — Les membres du Syndicat des Agriculteurs des Basses-Pyrénées, des communes de Gelos, de Mazères-Lezons, d'Uzos, de Rontignon, de Marcastet, d'Assat, de Meillon et d'Aressy, forment entre eux et ceux qui adhéreront aux présents statuts, une Boulangerie Coopérative qui prend la dénomination de *Boulangerie Coopérative « La Prévoyante »*.

Art. 2. — Cette Coopérative a pour but unique de procurer à ses adhérents le pain à un prix en rapport constant avec le prix du blé, en prenant pour base le prix de 1 franc par pain de 4 kilogs, lorsque le blé sera à 17 francs les 80 kilogs. Le poids du pain sera garanti exact et la qualité la meilleure possible.

Art. 3. — La Coopérative se composera de membres qui verseront une cotisation de 20 francs lors de leur admission. Elle peut être versée soit en argent, soit en nature.

Le Conseil d'administration, afin de faciliter aux plus pauvres l'accès de la Coopérative, admettra moyennant un droit d'entrée de 5 francs, des membres adhérents à la Coopérative, lesquels jouiront des mêmes avantages que les membres de la Coopérative, mais sans pouvoir prendre part, ni à l'administration, ni à la direction de la Société, ni aux Assemblées générales.

Le montant du droit d'entrée payé par l'adhérent sera inscrit à son compte individuel auquel s'ajoutera sa part annuelle du boni. Dès que le montant de son compte de bonis ajouté à sa mise de 5 francs égalera 20 francs, montant de la cotisation des membres de la Coopérative, l'adhérent pourra prendre rang parmi les membres de la Coopérative.

Art. 4. — Chaque semestre, il sera dressé un état sommaire de la situation de la Coopérative de Boulangerie.

Les bonis nets, c'est-à-dire déduction faite des frais généraux de toute nature, seront répartis comme suit, après paiement intégral des emprunts faits et des engagements contractés pour frais de première installation :

1° 10 pour 100 pour constituer une réserve;

2° 5 pour 100 pour fonder un fonds de prévoyance;

3° 5 pour 100 pour gratifications aux employés;

4° 80 pour 100 aux membres et aux adhérents de la Coopérative au prorata des livraisons et ventes faites à chacun d'eux.

Art. 5. — Peut faire partie de la Coopérative de Boulangerie, à quelque époque que ce soit, toute personne habitant une des huit communes désignées à l'article premier ou une commune voisine de celles-ci, sans distinction de sexe ou de nationalité, pourvu qu'elle verse sa cotisation et qu'elle soit admise par le Conseil d'administration, après en avoir fait la demande par écrit.

Art. 6. — La durée de la Coopérative est illimitée; elle ne prend pas fin par le décès ou la sortie d'un ou plusieurs membres puisqu'elle peut recruter constamment de nouveaux membres.

Art. 7. — L'admission de chaque membre est constatée par son inscription sur le registre à ce destiné et par la remise qui lui est faite immédiatement, d'un livret portant ses nom, prénoms, sa date d'admission, son numéro d'ordre.

Art. 8. — Tout coopérateur peut sortir librement de la Société. Il perdra, en se retirant, tout droit à sa cotisation et aux bonis qui pourront être distribués, ainsi que sa part dans la réserve capitalisée.

Art. 9. — En cas de décès du coopérateur, ses héritiers ou ayants droit ne peuvent réclamer le montant de son compte courant qu'à la fin de l'année après inventaire approuvé par l'Assemblée générale.

Art. 10. — La Coopérative étant avant tout personnelle, un héritier d'un coopérateur décédé lui succède seul dans la Coopérative; un coopérateur ne peut céder ou transporter ses droits ou sa part à un tiers sans autorisation de l'Administration.

Art. 11. — Le Conseil d'administration a le pouvoir de prononcer la radiation d'un membre de la Coopérative; la décision devra être motivée; elle sera exécutoire de suite et devra être transmise par écrit à l'intéressé qui aura le droit d'en appeler à la décision de la plus prochaine assemblée générale.

Art. 12. — Tout coopérateur exclu pourra obtenir sa réadmission dans la Coopérative, mais ne pourra faire partie du Conseil d'administration ni de la Commission de contrôle pendant un an, à dater du jour de sa réadmission.

Art. 13. — Pour faire preuve de sa qualité, tout membre devra présenter le livret qui lui a été remis lors de son admission.

Art. 14. — Les demandes d'admission devront être faites par écrit au secrétaire, qui devra en donner communication au Conseil d'administration lors de sa plus prochaine réunion.

Art. 15. — La Coopérative est administrée par seize membres élus au scrutin secret, à la majorité des voix des membres présents, à raison de deux par commune visée à l'article premier.

Art. 16. — Les administrateurs sont nommés pour un an. Tout membre sortant est rééligible.

Art. 17. — Nul ne pourra être membre du Conseil d'administration s'il n'est majeur et s'il ne jouit de ses droits civiques et civils.

Art. 18. — Le Conseil d'administration nommera dans son sein un président, deux vice-présidents, un trésorier, un trésorier adjoint, un secrétaire.

Art. 19. — Les administrateurs feront, à la majorité des membres présents.

tout acte d'administration nécessité par les affaires de la Cooperative. Ils représenteront la coopérative dans les actes civils et judiciaires. Ils pourront acheter, vendre, fixer les prix, payer et organiser le service de la boulangerie.

ART. 20. — En cas de démission ou de décès du président, le vice-président en remplira les fonctions jusqu'à la plus prochaine réunion des membres en assemblée. La voix de celui qui préside sera prépondérante en cas de partage.

ART. 21. — Les Assemblées générales de la Coopérative auront lieu deux fois par an, en avril et en décembre.

ART. 22. — Tous les membres de la Coopérative y seront convoqués une semaine à l'avance par voie d'affiches, qui feront connaître le lieu, la date et l'heure de la réunion, ainsi que l'ordre du jour.

ART. 23. — A la session d'avril, ils nommeront huit membres qui formeront la commission de contrôle. Cette Commission aura le droit de prendre connaissance des livres comptables et d'examiner les opérations de la Coopérative. Elle devra déposer, à la session de décembre, un rapport qui constatera les points défectueux et les abus qui ont pu se glisser dans la pratique et qui nuisent à la bonne renommée de la Coopérative.

ART. 24. — Les administrateurs ne pourront, dans l'exercice de leurs fonctions, faire partie de la commission de contrôle. Les conditions d'éligibilité et de durée pour cette Commission sont les mêmes que pour la Commission administrative.

ART. 25. — La constatation du chiffre des achats de chaque membre ou adhérent se fera au moyen de jetons ou de bons.

ART. 26. — Le pain devra être payé comptant, par exception au moyen de bons. Dans ce dernier cas les bons devront être payés dans les huit jours.

ART. 27. — La Coopérative fournira aux coopérateurs, soit de la farine, soit les issues, aux conditions les plus avantageuses, mais à raison d'un quintal à la fois.

ART. 28. — Pour ceux qui fourniront le blé et les fagots à la Coopérative, on estimera la valeur des marchandises au cours du dernier lundi de la livraison, et on le portera à leur crédit sur leur livret ou bien ils en toucheront le prix en argent. On pourra recevoir le blé en échange d'une certaine quantité de pain ou de farine. Les fagots ne seront pris qu'a raison de deux chars à la fois et ce, à tour de rôle.

ART. 29. — Les premiers garçons boulangers et les porteurs de pain versent, à leur entrée en fonction dans la Coopérative, un cautionnement fixé par le Conseil d'administration. La Coopérative leur paiera 3 pour 100 d'intérêt par an. Ce cautionnement leur sera remboursé dans les huit jours qui suivront leur sortie.

ART. 30. — Le premier garçon boulanger est responsable :

1° De tout le matériel de la boulangerie proprement dite;

2° De toutes les provisions en magasin : farine, résidus, fagots, etc.,

Il est en outre chargé de la surveillance du personnel en entier.

ART. 31. — Celui des garçons boulangers qui se trouve à la boulangerie au moment où se fait une livraison quelconque, est tenu de vérifier la qualité, la quantité, ainsi que le poids des différentes marchandises livrées à la Coopérative, et d'en faire part à la Commission.

ART. 32. — Tout coopérateur, par le fait de son entrée, est censé connaître les présents statuts et promet de les observer.

ART. 33. — Toutes discussions politiques ou religieuses sont formellement interdites dans la Coopérative.

BIBLIOGRAPHIE

BENOIT. — *Guide du meunier*, Paris, Mallet-Bachelier, 1863.

BOUTROUX. — Le *Pain et la Panification*, Paris, Baillière, 1897.

DULAC. — *Manuel de la vente coopérative des grains*. Versailles, Imp. Gérardin, 1906.

FAVRAIS. — *Manuel du boulanger*, Paris, Bernard Tignol.

LINDET. — *Le Froment et sa mouture. Traité de Meunerie*, Paris, Gauthier-Villars, 1903.

Liste générale des moulins de France, Paris, Librairie de la Bourse de Commerce.

MARCHAND. — *Manuel à l'usage de la boulangerie suisse*, Payerne, H. Tenthorey, 1905.

RIVET. — *Les boulangeries coopératives en France*, Paris, Larose.

SCHIELD-TREHERNE. — *Nouveau manuel complet du boulanger* (Encyclopédie Roret), Paris, Mulo.

SCHIELD-TREHERNE, DESCOURTY ET MAULVAULT. — *Cours de l'École de Meunerie*, Paris, Librairie de la Bourse de Commerce.

TABLE ALPHABÉTIQUE

A

B

C

D

E

F

G

H

I

L

M

TABLE DES MATIÈRES

PREMIÈRE PARTIE

LE GRAIN DE BLÉ

CHAPITRE I

Structure et composition du grain de blé.

CHAPITRE II

Qualités et défauts des blés de mouture.

CHAPITRE III

Conservation des blés.

CHAPITRE IV

Commerce des blés.

CHAPITRE V

Moteurs des moulins.

CHAPITRE VI

Nettoyage des blés de mouture.

DEUXIÈME PARTIE

LA FARINE

CHAPITRE VII

Pratique de la mouture.

CHAPITRE VIII

Division des produits de mouture.

CHAPITRE IX

Qualités et défauts des farines.

CHAPITRE X

Méthodes officielles d'analyse des farines et du pain.

TROISIÈME PARTIE

LE PAIN

CHAPITRE XI

Pétrissage de la pâte.

CHAPITRE XII

Fermentation de la pâte.

CHAPITRE XIII

Cuisson de la pâte.

CHAPITRE XIV

Procédés divers. Qualités et défauts des pains.

CHAPITRE XV

Boulangeries coopératives rurales.

54924. — Imprimerie LAHURE, 9, rue de Fleurus, à Paris.

www.ingramcontent.com/pod-product-compliance
Ingram Content Group UK Ltd.
Pitfield, Milton Keynes, MK11 3LW, UK
UKHW020913180726
13838UKWH00002B/520

9 782329 369945